아는
만큼
보이는
세상

읽다 보면 원리가 이해되는 일상 속 지구과학 안내서

아는 만큼 보이는 세상

양은혜 지음

지구과학 편
EARTH SCIENCE

유노책주

지구는 우리가 아는 한
생명을 품은 유일한 세계입니다.

칼 세이건(Carl Sagan, 미국의 천문학자)

지구과학을 알면
세상을 보는 시야가 넓어진다

"바닷물은 넘쳐나는데 왜 마실 수 없을까?"

"왜 우리나라에서는 오로라를 볼 수 없지?"

"호주에서는 북향집을 선호한다던데, 왜 남향이 아닌 북향일까?"

살다 보면 한 번쯤은 이런 궁금증들이 떠오릅니다. 그러나 대부분은 그냥 흘려보내거나 대충 짐작으로 넘기기 마련이지요. 이 질문들을 자세히 들여다보면 이 모든 것이 하나의 공통된 학문과 연결되었다는 사실을 발견할 수 있습니다. 바로, 지구과학(Earth Science)입니다.

지구과학은 우리가 살고 있는 지구의 구조와 변화, 그리고 이를 둘러싼 자연 현상을 연구하는 학문입니다. 흔히들 지구과학을 특별한 사람들만 공부하는 어려운 학문으로 생각하곤 합니다. 화산이나 지진처럼 거대한 자연현상에만 관련된 것이라고 여기기도 하지요. 사실 지구과학은 우리가 매일 경험하는 생활 속에 깊이 스며들어 있습니다.

"내일부터 본격적인 장마라니까 우산 꼭 챙겨."
"주말에 서해안에 놀러 가려고 물때표를 검색 중이야."
"일본에서 지진이 발생했대. 우리나라는 안전한 걸까?"
"올여름 폭염이 엘니뇨 때문이라던데."

장마가 왜 길게 이어지는지, 바닷물의 간조와 만조는 어떻게 발생하는지, 지진은 왜 특정 지역에서 반복적으로 일어나는지, 엘니뇨가 우리의 날씨에 어떤 영향을 미치는지 등등 이 모든 현상은 우리가 매일 마주하지만 깊이 생각해 보지 않는 자연의 원리입니다. 이러한 현상들을 하나씩 살펴보면 모두 지구과학과 밀접하게 연결되어 있음을 알 수 있습니다.

지구과학은 단순히 날씨와 자연재해를 이해하는 데 그치는 학문이 아닙니다. 계절이 바뀌는 이유, 대륙이 이동하는 과정, 바닷물이 순환하며 기후를 조절하는 원리까지 우리가 살아가는 환경을 더 깊이 들여다보고 변화의 흐름을 읽어내도록 돕는 길잡이가 되어 줍니다. 결국 지구과학을 배우는 것은 우리가 살아가는 터전을 이해하는 일이기도 합니다

또한, 오늘날 인류는 지구에서 얻은 지식을 바탕으로 우주로의 확장을 꿈꾸고 있습니다. 달과 화성에 기지를 건설하려는 연구 역시 지구에서의 과학 원리와 기술을 토대로 우주 환경에 적응할 수 있는 방법을 모색하는 과정입니다. 결국, 우리가 사는 지구를 이해하는 것이야말로 미래 우주 탐사의 출발점이라고 할 수 있습니다.

우리는 한 번도 지구를 떠나본 적이 없습니다. 그렇다면 지구는 단순한 행성이 아니라 우리의 삶이 펼쳐지는 터전이라고 할 수 있겠지요. 그런데 우리는 과연 이 지구를 얼마나 잘 알고 있을까요?

이 책은 우리가 한 번쯤 품었을 법한 질문들에 답하며, 지구를 더 흥미롭고 친숙하게 이해할 수 있도록 돕는 네 개의 장으로 구성되어 있습니다.

첫 번째 장 '내 발밑에서 시작하는 지구 탐구'에서는 우리가 딛고 있는 땅이 어떻게 형성되었고, 지금도 어떻게 변하고 있는지를 살펴봅니다.

약 46억 년 전, 뜨거운 용암으로 뒤덮였던 지구는 점차 식으면서 대기와 바다가 형성되었습니다. 그 과정에서 수많은 생명체가 등장하고 사라졌으며 그 흔적은 화석이 되어 오늘날까지 전해지고 있습니다. 지표면에는 세월이 빚어낸 돌과 광물이 자리하고 있고, 땅속 깊은 곳에는 마그마가 굳어 형성된 암석과 다양한 광물, 그리고 수천 년 동안 만들어진 동굴이 존재합니다.

끊임없는 변화를 거쳐 지금의 모습을 만들어낸 지구는 오늘날에도 꾸준히 움직이고 있습니다. 표면 아래에서는 여전히 마그마가 흐르고, 대류는 조금씩 이동하며, 지진과 화산 활동이 이어집니다. 이러한 움직임은 지형을 바꾸고 환경에도 영향을 미칩니다. 살아 있는 지구의 흐름을 따라가며 우리가 발 딛고 있는 세계를 더 깊이 탐구해 봅시다.

두 번째 장 '날씨부터 태풍까지 공기와 바람의 비밀'은 우리가 매일 접하는 하늘과 공기를 자세히 들여다보는 장입니다. 왜 높은 산에 올라가면 과자 봉지가 부풀어 오를까요? 왜 스프레이를 뿌리면 통이 차가워질까요? 이런 작은 현상들은 사실 대기압과 기온 변화와 깊이 연결되어 있습니다.

우리는 매일 하늘을 보면서도 하늘이 왜 파란지, 구름이 왜 하얀지 깊이 고민하지 않습니다. 하지만 이 책에서는 그 질문들의 답을 찾아갑니다.

세 번째 장 '알면 알수록 신기한 지구의 70% 들여다보기'는 광활한 바다에 관한 이야기를 다룹니다. 바닷물의 흐름이 어떻게 지구의 기후를 바꾸는지, 엘니뇨가 우리 일상에 어떤 영향을 미치는지 등을 쉽고 재미있게 설명합니다.

또한, 지도에 없는 거대한 섬을 발견한 탐험가, 지구에서 가장 깊은 바다를 탐험한 영화감독 제임스 카메론, 그리고 바다 위를 떠돌며 세계를 여행한 수많은 러버덕(고무 오리)의 이야기를 통해 바다가 얼마나 신비롭고 역동적인 공간인지 알게 될 것입니다.

마지막 장 '지구를 넘어 더 넓은 세상으로 나아가기'에서는 우주로 시선을 돌립니다. 우리가 속한 우주는 얼마나 광활할까요? 한때 태양계의 아홉 번째 행성이었던 명왕성이 왜 행성의 지위를 잃게 되었는지 살펴보며, 과학의 발전에 따라 기존 개념이 어떻게 바뀌어 왔는지 알아봅니다. 또한, 별들은 어떻게 태어나고 어떤 과정을 거쳐 사라지는지를 다룹니다.

우주 탐사를 향한 인간의 도전도 이 장에서 다뤄집니다. 달 착륙, 화성 탐사, 뉴호라이즌스호의 항해 등 우주를 향한 인류의 발자취를 따라가며 이를 위해 어떤 것들이 희생되어야만 했는지도 함께 살펴봅니다.

이 책은 단순한 과학책이 아닙니다. 어렵고 복잡한 공식과 용어를 외우는 것이 아니라 우리가 살아가는 지구를 조금 더 깊이 들여다볼 수 있도록 돕는 지구과학 교양서입니다. 책을 읽으며 문득 창밖을 바라보다가 하늘에 떠 있는 구름이 어떤 종류인지 궁금해질 수도 있고, 여행지에서 우연히 본 바위가 어떤 과정을 거쳐 생겨났을지 생각해 볼 수도 있습니다.

강변의 둔덕에 드러난 지층을 보고 '저 줄무늬는 왜 생겼을까?'

라거나, 유난히 낮게 깔린 구름을 보며 '오늘 구름이 다른 날과 다른 이유는 뭘까?'라고 궁금해하는 순간 우리는 이미 지구과학을 배우고 있는 것입니다.

여러분이 이 책을 통해 세상을 바라보는 시선이 조금은 달라지고, 익숙했던 자연현상 속에서 새로운 의미를 발견할 수 있기를 바랍니다. 어느 날 무심코 올려다본 하늘이나 스치는 바람, 발아래 펼쳐진 풍경이 이전과 다르게 보이고 문득 떠오르는 궁금증이 자연스럽게 지구과학과 연결된다면 그 자체로도 의미 있는 변화가 될 것입니다.

양은혜

C O N T E N T S

CHAPTER 1.

내 발밑에서 시작하는 지구 탐구
지질

CHAPTER 2.

날씨부터 태풍까지 공기와 바람의 비밀
대기

CHAPTER 3.
알면 알수록 신기한 지구의 70% 들여다보기
바다

CHAPTER 4.

지구를 넘어 더 넓은 세상으로 나아가기
우주

1

CHAPTER

내 발밑에서 시작하는 지구 탐구

- 지질 -

지구는 언제부터
푸른 행성이 되었을까?

· 지구의 탄생 ·

'푸른 행성 지구'라는 별명과 달리 최초의 지구에는 바다가 존재하지 않았다.

눈부시게 푸르른 하늘, 단단한 대지, 그리고 넘실대는 바다는 언제부터 존재했을까요? 지금은 너무나 당연한 풍경처럼 느껴지지만, 이 모든 것은 약 46억 년 전 지구가 탄생하면서 시작된 거대한 여정의 산물입니다. 지금보다 훨씬 크기가 작고, 바다도 없었던 어린 지구가 서서히 변해 오늘날의 모습으로 자리 잡는 과정은 마치 한 편의 모험담처럼 흥미롭습니다.

지구의 탄생을 알기 위해서는 먼저 태양계의 탄생부터 알아야 합니다. 약 50억 년 전 태양계가 형성될 때 중심에는 원시 태양이 있었고, 그 주변으로는 기체와 티끌이 가득한 원반이 형성되었습니다. 시간이 지나면서 원반에는 미행성체가 나타났습니다. 미행성체란 원반 속 기체와 티끌이 뭉쳐 형성된 지름 수 킬로미터의 천체입니다. 이 미행성체들은 서로 충돌하고 합쳐져 행성이 되었습니다.

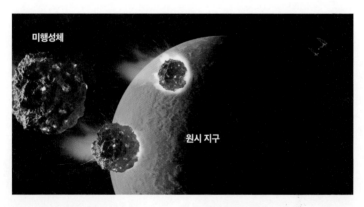

원시 지구로 날아드는 미행성체의 모습

아는 만큼 보이는 세상 | 지구과학 편

지구 역시 미행성체들의 끊임없는 충돌 속에서 탄생했습니다. 작고 어린 지구의 몸에는 수많은 미행성체가 달라붙었고, 충돌이 거듭될수록 지구는 점점 커지며 온도가 상승했습니다. 뜨거운 온도는 지구의 표면을 녹여버렸고, 그 결과 지구는 온통 마그마로 뒤덮인 마그마 바다 상태에 이르게 되었습니다.

철과 니켈 같은 밀도가 큰 금속 성분들은 중심 쪽으로 가라앉아 핵이 되고, 규소와 산소 같은 밀도가 작은 암석 성분들은 표면 쪽으로 이동하여 맨틀이 되었습니다. 달걀이 노른자와 흰자로 구분되는 것처럼, 지구도 내부도 핵과 맨틀이라는 두 개의 층으로 나뉘게 된 것입니다. 그 뒤로 미행성체의 충돌 횟수가 점차 줄어들면서 지구는 서서히 식어 갔고, 마그마로 이루어져 있던 표면은 단단히 굳어졌습니다.

지구가 식으면서 또 하나의 중요한 변화가 일어났습니다. 대기에 있던 수증기가 물방울이 되어 구름을 만든 것입니다. 구름에서 내린 비가 땅에 고여 최초의 바다가 형성되었고, 이로써 지구에는 땅, 대기, 바다가 갖추어지게 되었습니다.

인간의 역사는
지구의 1분보다 짧다?

· 지질 시대 ·

지구의 46억 년을 하루로 보면 인류는 밤 11시 59분을 지나 등장했다.

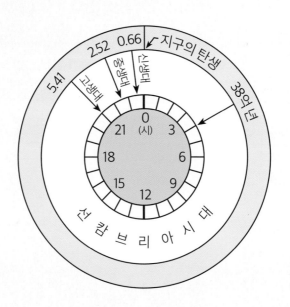

아침에 눈을 떠 한낮을 지나 저녁을 맞이하기까지, 하루는 짧고 익숙하게 흘러갑니다. 그런데 이 24시간을 지구의 나이인 46억 년으로 환산해 본다면 어떤 풍경이 펼쳐질까요? 사실 인류가 지구에 발을 딛고 서 있던 시간은 지질 시계로 따지면 단 1분도 채 되지 않는 찰나에 불과합니다.

지구가 탄생한 약 46억 년 전부터 현재까지의 시간을 지질 시대라고 합니다. 인류의 역사를 역사적 사건을 기준으로 구분하듯, 지질 시대는 지구 환경의 급격한 변화를 기준으로 구분됩니다.

우리에게 익숙한 지질 시대의 명칭으로는 고생대, 중생대, 신생대가 있습니다. 이는 지질 시대를 '대' 단위로 구분한 것이죠. 하지만 지질 시대는 대보다 더 큰 단위인 '누대'로 구분하거나, 더 작은 단위인 '기'로 세분화할 수 있습니다.

약 46억 년 전 ⇩	약 5.41억 년 전 ⇩		약 2.52억 년 전 ⇩	약 6,600만 년 전 ⇩	

명왕누대	시생누대	원생누대	현생누대										
선캄브리아 시대			고생대						중생대			신생대		
			캄브리아기	오르도비스기	실루리아기	데본기	석탄기	페름기	트라이아스기	쥐라기	백악기	팔레오기	네오기	제4기

지질시대 연대표

지질 시대의 구분을 살펴보면, 순서대로 '명왕누대-시생누대-원생누대-현생누대'로 나뉩니다. 이 중 현생 누대는 약 5억 4천만 년 전부터 현재까지 이어진 기간으로, 다양한 생물들이 존재했던 시기입니다. 현생누대를 대 단위로 세분화하면 '고생대-중생대-신생대'로 나눌 수 있으며, 각 대는 다시 더 작은 단위인 기로 나뉩니다.

지질시대 연대표(23쪽 참고)와 같이 고생대는 여섯 개, 중생대와 신생대는 각각 세 개의 기로 나뉩니다. 고생대 여섯 개의 기 중 첫 번째 기인 캄브리아기 이전의 시기를 통틀어 선캄브리아 시대라고 부르기도 합니다. 약 46억 년의 지구의 역사를 24시간으로 환산해 지질 시계를 만들어 보면 선캄브리아 시대는 0시에 시작되어 21시 11분까지 이어집니다. 전체 지질 시대의 약 88%를 차지할 정도로 긴 시간이죠.

그런데 선캄브리아 시대 지층에서는 화석이 거의 발견되지 않아 당시의 환경이나 생물을 알기 어렵습니다. 긴 시간 동안 여러 차례 지각 변동을 받아 화석이 변형되거나 사라졌기 때문입니다.

인류의 조상은 신생대 제4기에 출현하였습니다. 이는 지질 시계로 보면 23시 59분 이후입니다. 지구의 역사에 비하면 인류의 역사는 아주 짧은 기간임을 알 수 있습니다. 즉, 우리가 살아가는 이 시대는 지구의 오랜 역사에서 보면 마지막 순간에 해당하는 것입니다. 인류가 지구에 남긴 흔적은 짧은 시간 동안 급격히 늘어났으며, 이제는 지구 환경에 큰 영향을 미치는 존재로까지 성장했습니다.

이처럼 지질 시대를 이해하면 지구의 거대한 변화 속에서 인류가 얼마나 짧은 순간을 차지하는지 실감할 수 있습니다.

똥도 화석이
될 수 있는 이유

· 화석 ·

화석은 어떤 정보를 전달하느냐에 따라 표준 화석과 시상 화석으로 나뉜다.
사진은 고사리 화석으로, 과거의 환경을 알려주는 대표적인 시상 화석이다.

우리 주변에는 우리가 남긴 자취들이 곳곳에 남아 있습니다. 발자국이 찍힌 흙, 누군가 급히 써 놓은 메모, 또는 아이가 놀이 중에 쌓아 올린 모래탑… 시간이 지나면 이런 흔적들은 사라지겠지만, 몇몇은 오랜 세월 동안 보존되어 과거를 들여다보는 열쇠가 될 수도 있습니다.

그렇기에 우리는 아주 먼 과거의 생물들이 남긴 흔적을 발견할 때마다 그 시기의 환경과 생태를 유추할 수 있는 소중한 단서를 얻게 됩니다. 이러한 흔적들이 보존되는 과정은 단순해 보이지만, 특정한 조건이 맞아야만 가능합니다.

과거에 살던 생물들이 남긴 유해나 흔적이 돌처럼 단단해진 것을 화석이라고 합니다. 즉, 과거에 살던 생물이 남긴 것이라면 그게 무엇이든 화석이 될 수 있는 것입니다. 그러니 공룡 뼈나 조개껍데기뿐만 아니라 생물이 남긴 발자국, 땅을 판 흔적, 심지어 똥까지 화석이 될 수 있습니다.

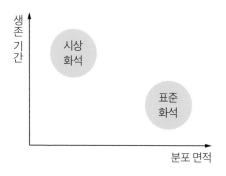

표준 화석과 시상 화석의 조건

물렁물렁한 똥이 어떻게 단단한 화석이 되는 것일까요? 상상해 봅시다. 지금으로부터 2억 년 전 초록빛의 울창한 숲에 한 공룡이 안절부절못하며 이리저리 주위를 살피고 있습니다. 공룡은 서둘러 수풀이 우거진 은밀한 장소를 찾아 똥을 내보냅니다. 이 똥은 어떻게 될까요? 아마 미생물에 의해 분해되어 사라질 것입니다. 비가 온다면 물에 씻겨 내려갈 수도 있겠지요.

그렇다면 어떻게 해야 2억 년 뒤 우리에게 똥 화석으로 발견될 수 있는 걸까요? 먼저 똥 위로 빠르게 퇴적물이 쏟아져야 합니다. 시간이 지나며 퇴적물에 포함된 광물질이 똥으로 스며들고 똥 내부의 유기물이 광물질로 대체되며 돌처럼 단단해지는 화석화 작용을 거쳐야 합니다. 물렁물렁한 똥이 아닌 단단한 뼈, 껍데기, 이빨이라면 화석이 되기 더 쉬울 것입니다.

화석은 과거의 정보를 제공하는데, 어떤 정보를 제공하느냐에 따라 표준 화석과 시상 화석으로 나눌 수 있습니다. 표준 화석은 시대 정보를 제공합니다. 따라서 생존 기간이 짧고 분포 면적이 넓어야 합니다. 예를 들어, 공룡은 중생대라는 짧은 기간 동안 살았지만 그 기간 동안은 지리적으로 널리 분포한 것이죠. 고생대의 삼엽충, 중생대의 공룡, 신생대의 매머드가 대표적인 표준 화석입니다.

시상 화석은 환경 정보를 제공하는 화석으로 생존 기간이 길고, 분포 면적이 좁습니다. 대표적인 시상 화석으로는 산호가 있습니다. 산호는 고생대에 출현하여 지금까지 살고 있는 생존 기간이 긴 생물입니다. 때문에 어떤 지층에서 산호 화석을 발견했다고 해서 그 지층이 언제 만들어졌는지 알기는 어렵죠. 그러나 산호는 따뜻하고 얕은 바다라는 특정 환경에서만 살기에 산호 화석이 발견되는 지역의 과거 환경이 어땠는지는 알 수 있습니다.

"나 때는 말이야 비둘기만 한 잠자리가 있었어"

· 고생대 ·

고생대 후기에는 높은 산소 함량 덕분에 대형 곤충들이 번성했다.
그림은 날개 길이가 약 70cm였던 잠자리 메가네우라를 묘사한 것이다.

'지구에는 비둘기만 한 잠자리가 있었다.' (o/×)

정답은 O입니다. 비둘기만큼 큰 잠자리, 지금은 없지만 고생대 후기에는 있었습니다. 거대 잠자리 메가네우라는 날개를 펼쳤을 때 길이가 약 70cm로 현재의 잠자리보다 훨씬 큽니다. 이처럼 고생대 후기에는 잠자리를 포함한 거대 곤충들이 나타났습니다. 그 이유는 고생대 후기의 높은 산소 함량 때문으로 추정됩니다.

고생대 석탄기에는 양치식물이 거대한 삼림을 이루었고, 이로 인해 대기 중 산소 함량이 약 35%로 급격히 증가했습니다. 이는 현재의 약 21%에 비해 훨씬 높은 함량입니다. 산소 함량이 높아지면 곤충 몸속 구석구석까지 산소가 잘 공급되어 몸집을 더 키울 수 있습니다. 시간이 지나 고생대 페름기에 대기 중의 산소 함량이 낮아지면서 거대 곤충은 사라졌습니다.

거대 곤충이 고생대 후기에만 번성했다면, 삼엽충은 고생대 전 기간 동안 번성했습니다. 삼엽충이라는 이름은 '세 개의 엽으로 나뉜 벌레'를 뜻합니다. 약 5~10cm 크기였던 삼엽충은 당시 바다를 지배할 만큼 번성했지만 이제는 만나고 싶어도 만날 수 없는 멸종 생물입니다.

고생대 표준 화석으로는 메가네우라와 삼엽충 외에도 필석, 방추충, 갑주어가 있습니다. 고생대에 전성기를 누렸던 이들은 모두 멸종하여 현재는 화석으로만 만날 수 있습니다.

고생대에는 세 번의 대멸종이 있었습니다. 1차 대멸종은 오르도비스기 말에 일어났습니다. 기온이 하강하면서 빙하가 확장되었고, 해수면이 낮아져 많은 해양 생물들이 멸종한 것으로 추정됩니다. 2차 대멸종은 데본기 말에 발생했습니다. 해수 속 산소가 부족해지며 해양 생물들이 멸종한 것으로 보입니다.

3차 대멸종은 페름기 말에 일어났으며, 가장 규모가 컸습니다. 지구 생물종의 약 90% 이상이 멸종했는데, 대규모 화산 폭발이 주요 원인으로 여겨집니다. 3차 대멸종을 기점으로 중생대가 시작되었고, 공룡의 시대가 도래했습니다.

우리는 매일
공룡을 먹고 있다!

· 공룡 ·

우리에게 알려진 공룡의 이미지와 달리 일부 공룡은 깃털을 지니고 있었다.
사진은 '중국의 도마뱀 깃털'이란 뜻을 지닌 시노사우롭테릭스의 화석이다.

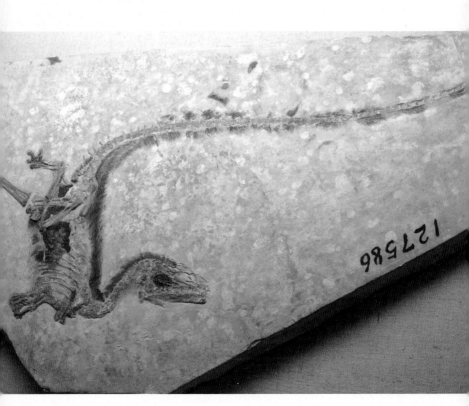

"공룡이 아직 살아있다고? 말도 안 돼!"라며 의아해 할 수 있습니다. 맞습니다, 사실 공룡은 완전히 멸종한 것이 아닙니다. 놀랍게도 공룡은 우리와 굉장히 가까운 곳에 살아 있습니다. 현재 공룡이 어떤 모습으로 살아 있는지 힌트를 보며 맞춰 봅시다.

첫 번째 힌트, 이것은 다리가 두 개입니다.
두 번째 힌트, 이것은 날개를 가지고 있습니다.
세 번째 힌트, 이것은 알을 낳아 번식합니다.
네 번째 힌트, 이것은 한 글자입니다.

정답은 바로 '새'입니다. 작은 공룡들이 살아남아 진화하면서 오늘날의 새가 되었습니다. 치킨, 삼계탕, 닭볶음탕 등등 우리가 자주 먹는 닭 역시 공룡의 후손이라는 사실을 알고 있었나요? 치킨 한 조각을 먹는다는 것은 중생대 공룡의 유전자를 이어받은 후손을 맛보는 것과 같다고 할 수도 있지요.

이제 공룡과 새가 얼마나 밀접하게 연결되어 있는지 그 공통점을 하나씩 알아보겠습니다. 첫 번째는 깃털입니다. 보통 공룡이라고 하면 도마뱀이나 악어처럼 비늘로 덮인 피부를 떠올리기 쉽습니다. 하지만 일부 공룡들은 깃털로 덮여 있었고, 시간이 흐르며 이 깃털이 날개로 발전해 결국 하늘을 나는 새의 특징이 되었습니다.

1996년 중국 랴오닝성에서 한 농부가 우연히 공룡 화석을 발견하면서 깃털을 가진 공룡이 알려지게 되었습니다. 화석 속의 공룡은 온몸이 솜털로 뒤덮여 있었습니다. 이 공룡은 '중국의 도마뱀 깃털'이라는 뜻을 가진 시노사우롭테릭스(Sinosauropteryx)입니다.

시노사우롭테릭스는 고양이 정도의 크기를 가진 작은 공룡으로, 피부를 덮고 있던 솜털은 원시 깃털로 여겨집니다. 이후에도 깃털을 가진 다양한 공룡 화석이 여러 차례 발견되며 공룡과 새의 연관성이 점점 더 명확해졌습니다.

단순히 깃털이 있다는 이유만으로 공룡이 새의 조상이라고 말할 수는 없습니다. 공룡과 새의 또 다른 공통점으로는 '기낭(air-sac)'이 있습니다. 새는 내장과 근육 사이, 뼛속에 공기주머니인 기낭을 가지고 있습니다. 기낭은 산소 공급을 극대화하여 효과적인 호

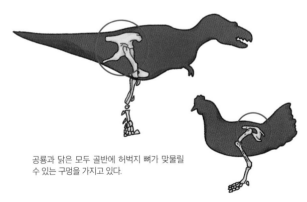

공룡과 닭은 모두 골반에 허벅지 뼈가 맞물릴 수 있는 구멍을 가지고 있다.

여러 곳에서 공통점이 드러나는 공룡과 새의 골격 구조 모습

흡을 가능하게 하고, 체중을 가볍게 만들어 하늘을 잘 날 수 있게 돕습니다. 그런데 공룡 화석에서 기낭의 존재를 지지하는 뼈 구조가 발견되었습니다.

공룡과 새는 골격 구조에도 공통점이 있습니다. 손목을 접거나 회전할 수 있게 하는 손목뼈, 쇄골 두 개가 합쳐진 V자 모양의 뼈, 골반에 허벅지 뼈가 들어갈 수 있는 구멍(35쪽 그림 참고)이 있다는 것입니다.

이처럼 많은 공통점이 새가 공룡의 후손이라는 가설을 뒷받침합니다. 결국 공룡은 완전히 사라진 것이 아니라 우리 주변에 새라는 형태로 여전히 살아있습니다.

땅을 계속 파면
지구 반대편으로 갈 수 있을까?

· 지구 내부 구조 ·

인류가 수직으로 가장 깊게 뚫은 구멍의 깊이는 약 12km에 불과하다.
사진은 세계에서 가장 깊은 구멍인 러시아의 콜라 시추공이다.

'지구 안에 또 다른 지구가 있다?', '지구는 텅 비어 있다?', '땅속 깊은 곳에는 외부로 연결되는 비밀 통로가 있다?' 누구나 한 번쯤은 이런 흥미로운 이야기를 들어본 적이 있을 것입니다.

고대 문명부터 현대에 이르기까지, 땅속 세계에 대한 상상은 끊이지 않고 이어졌습니다. 지하에는 거대한 동굴이 있고, 미지의 생명체가 살고 있으며, 지구의 내부는 우리가 알고 있는 것과 전혀 다르게 이루어져 있다는 가설들은 오랜 세월 동안 사람들의 호기심을 자극해 왔습니다. 이러한 이야기는 과학적 근거가 부족함에도 불구하고 수많은 소설과 영화에서 매력적인 소재로 활용되어 왔습니다.

실제 과학이 밝혀낸 지구 내부의 모습은 어떨까요? 인류는 오래전부터 땅을 파고 들어가 지구의 비밀을 밝혀내려 했습니다. 그중에서도 특히 주목할 만한 프로젝트가 바로 러시아의 콜라 시추공(Kola Superdeep Borehole)입니다.

1970년대 당시 소련(현 러시아)은 '팔 수 있을 때까지 파 보자!'라는 목표 아래 야심 찬 프로젝트를 시작했습니다. 연구자들은 콜라반도에서 지구의 깊은 곳을 탐사하기 위해 땅을 파내려 갔으며, 최종적으로 12,262m(약 12.3km)까지 도달하는 데 성공했습니다. 이는 인류가 지구 내부로 뚫어 내려간 가장 깊은 기록입니다.

하지만 이 깊이조차도 지구 중심에 닿기에는 터무니없이 부족했습니다. 지구의 반지름은 약 6,400km이며, 핵은 약 2,900km부터 시작됩니다. 이를 고려하면, 인간이 파낸 깊이는 마치 거대한 사과의 껍질을 살짝 긁어낸 정도에 불과합니다.

오늘날 우리는 지구 내부가 지각, 맨틀, 외핵, 내핵이라는 네 개의 층으로 되어 있는 것을 알고 있습니다. 땅을 파서 직접 본 것도 아닌데 어떻게 그 구조를 알 수 있었을까요? 병원에서 X선 촬영으로 몸속을 들여다보는 것처럼, 과학자들은 지구 내부를 간접적으로 확인하는 방법을 찾았습니다. 그 비밀은 바로 지진파에 있습니다.

지진파는 통과하는 물질의 성질에 따라 전파 속도가 변합니다. 과학자들은 이 지진파 전파 속도가 특정 깊이에서 불연속적으로 변화하는 지점을 분석하여 지구 내부 구조를 밝혀냈습니다.

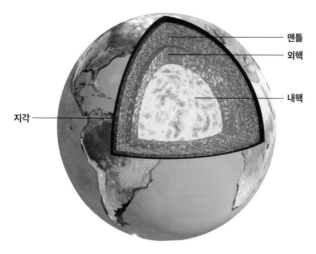

지구의 내부 구조 모습

지구 내부 구조는 삶은 달걀과 비슷합니다. 지각은 달걀 껍데기, 맨틀은 흰자, 핵은 노른자로 비유할 수 있습니다. 지각은 단단한 암석으로 이루어진 껍질로, 대륙 지각의 평균 두께는 약 35km, 해양 지각은 약 5km입니다. 그 아래 약 2,900km 깊이까지는 맨틀이 있으며, 맨틀은 지구 전체 부피의 약 80%를 차지하는 암석층입니다. 핵은 약 2,900km 아래부터 지구의 중심까지로, 암석이 아닌 금속으로 이루어져 있습니다.

1936년 지진학자 잉에 레만은 지진파의 분석을 통해 내핵의 존재를 밝혀내며 핵을 외핵과 내핵으로 나누었습니다. 외핵과 내핵의 경계는 그의 이름을 따 '레만 불연속면'이라 불립니다.

외핵은 액체, 내핵은 고체 상태로 추정되며, 두 층 모두 철과 니켈 같은 금속으로 이루어져 있다는 점에서 성분이 동일합니다.

누구도 몰랐던
'○○석'과 '○○암'의 차이

· 광물과 암석 ·

우리가 밟고 있는 땅은 암석이다.
암석을 구성하는 알갱이를 광물이라고 한다.

지구의 가장 바깥 껍질인 지각은 무엇으로 이루어져 있을까요? "돌이요"라는 대답이 들립니다. 틀린 말은 아니지만 여기서는 암석이라는 지질학적 용어를 사용해 보려고 합니다.

암석이란 지각을 구성하고 있는 단단한 물질입니다. 쉽게 말해 우리가 밟고 있는 땅이 암석이지요. 암석은 오랜 시간 동안 다양한 자연적 과정을 거쳐 형성되고, 그 종류와 특징은 지질 환경에 따라 다르게 나타납니다. 이러한 암석은 우리 생활에서 건축 자재로도 널리 활용되며, 지질학적으로는 지구의 역사를 이해하는 데 중요한 역할을 합니다.

밖에 나가 암석을 관찰해 볼까요? 산이나 바다에서 큰 바위를 찾아 관찰하면 좋습니다. 산이나 바다가 멀다면 가까운 공원에서

화강암
화강암 속 알갱이들이 광물이다.

조경용 암석을 관찰해도 좋습니다. 암석을 자세히 보면 암석은 다양한 알갱이들로 이루어져 있습니다. 이 알갱이를 광물이라고 합니다.

광물과 암석의 관계는 마치 밥풀 알갱이들이 모여 만들어진 주먹밥과 같습니다. 그런데 모든 주먹밥이 밥풀로만 이루어진 것은 아니지요. 고기, 야채, 단무지 등 어떤 재료를 얼마나 넣느냐에 따라 그것들을 뭉친 주먹밥이 달라집니다. 암석 역시 암석을 구성하는 광물의 종류와 비율에 따라 그 특징이 달라집니다.

광물의 종류는 지금까지 알려진 것만 4,000종이 넘으며 해마다 새로운 광물이 발견되고 있습니다. 그렇지만 실제로 암석을 구성하는 주된 광물은 30여 종인데, 이를 조암 광물이라고 합니다.

대표적인 조암 광물로는 감람석, 휘석, 각섬석, 석영 등이 있습니다. 또한, 대표적인 암석으로는 현무암, 편마암, 석회암 등이 있습니다. 이처럼 광물의 이름은 '석'으로, 암석의 이름은 '암'으로 끝나는 경우가 많습니다.

그렇다면 대리석은 광물일까요, 암석일까요? '석'으로 끝나기 때문에 광물이라고 생각하기 쉽지만, 대리석은 암석입니다. 석회암이 변성 작용을 받아 만들어진 변성암으로, 아름다운 무늬와 광택 때문에 건축 재료로 많이 사용되는 암석이지요.

엄밀히 따지면 '대리석'이라는 표현은 잘못된 것이고 '대리암'이라고 부르는 것이 맞습니다. 그러나 건축 업계에서 워낙 오랫동안 관습적으로 대리암을 대리석으로 불러왔기 때문에 현재는 두 표현이 모두 사용되고 있습니다.

　암석과 광물은 혼동하기 쉬우므로 생성 과정과 구성 요소를 기준으로 정확히 구분하는 것이 중요합니다.

내 시계에 적힌
'이 단어'의 정체

· 석영 ·

퀴츠 시계의 'QUARTZ'는 석영을 의미한다.
석영은 일정한 진동을 생성해 시간을 측정하는 데 활용되기도 한다.

혹시 지금 옆에 벽시계가 있다면 시계 앞면에 'QUARTZ'라는 단어가 있지 않은지 살펴봅시다. 간혹 벽시계나 손목시계에 QUARTZ라고 적혀 있는 경우가 있습니다. 이를 브랜드명으로 착각하는 경우가 많은데, 이는 대표 조암 광물 중 하나인 석영의 영어 이름입니다. 즉, QUARTZ가 적혀 있는 것은 석영을 이용한 쿼츠 시계를 의미하는 것이지요.

석영은 전기 에너지를 받을 때 초당 32,768번이라는 일정하고 정확한 진동을 생성합니다. 쿼츠 시계는 이 진동을 활용해 32,768번 진동하는 시간을 1초의 기준으로 사용합니다. 석영은 우리 생활과 밀접한 광물로 시계뿐만 아니라 유리나 반도체를 만드는 재료이기도 합니다.

박물관에서 석영 결정을 보며 자연이 만들어 낸 정교한 조각품 같다는 생각을 한 적이 있습니다. 석영은 여러 개의 육각기둥이 서로 얽히고설켜 자라난 것처럼 보입니다. 육각기둥의 끝부분은

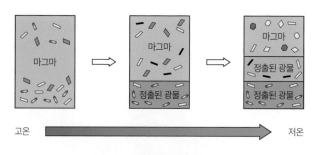

마그마에서 광물이 정출되는 과정

뾰족하게 모여 피라미드 모양을 이루고 있습니다. 이 육각기둥들은 각기 다른 길이와 크기로 자라나면서도 일정한 패턴을 유지하고 있어 자연의 정교함을 그대로 드러냅니다.

석영이 육각기둥 형태로 자라는 이유는 무엇일까요? 석영은 보통 마그마 냉각 과정에서 형성됩니다. 단단한 광물도 높은 온도에서는 용융되어 마그마가 됩니다. 반대로, 뜨거운 마그마가 점차 식으면 그 안에 녹아 있던 다양한 성분들이 결정체를 이루며 굳어지는데, 이를 '광물이 정출된다'라고 표현합니다.

각 광물은 저마다 특정한 정출 온도와 고유의 형태인 결정형을 가지고 있습니다. 석영의 경우 그 결정형이 육각기둥이므로 마그마에서 정출될 때 육각기둥 모양으로 자라는 것입니다.

돌은 왜 이토록
종류가 다양할까?

· 암석의 종류 ·

암석의 종류는 크게 퇴적암, 변성암, 화성암 세 가지로 나뉜다.
이들은 만들어진 장소와 과정에 따라 서로 다른 특징을 지니게 되었다.

도시를 거닐다 보면 보도블록이나 건물 외벽에 쓰인 암석들이 어디에서 왔을지 궁금해질 때가 있습니다. 건축 자재로 널리 쓰이는 화강암, 공원과 정원의 조경석으로 자주 보이는 편마암, 우아한 조각상과 건축물 장식에 사용되는 대리암 등등 사실 우리가 흔히 접하는 이 암석들은 단순히 쓰임새만으로 설명할 수 없는 깊은 이야기를 품고 있습니다.

이 단단한 암석들에는 수억 년 동안 지구가 겪어온 변화와 사건의 흔적이 고스란히 새겨져 있지요. 그야말로 지구의 역사를 이야기하는 살아 있는 기록물들이라 볼 수 있습니다.

이런 암석들은 생성 과정에 따라 각기 다른 특징을 지니며, 크게 퇴적암, 변성암, 화성암 세 가지로 나뉩니다.

퇴적암은 시간이 지나면서 퇴적물들이 쌓이고 압축되면서 형성된 암석으로, 모래가 퇴적되어 만들어진 사암이나 물에 녹아 있던 석회 물질이 가라앉아 만들어진 석회암이 있습니다.

생성 원인에 따라 분류한 암석의 종류

변성암은 기존의 암석이 높은 열과 압력에 의해 새로운 암석으로 성질이 변형된 것입니다. 대표적인 변성암으로는 대리암과 편마암이 있습니다.

편마암은 줄무늬 구조인 엽리가 뚜렷하게 나타납니다. 조경용 암석 중에서 얼룩말처럼 흰색 줄무늬가 있는 암석을 자주 볼 수 있는데, 그 암석이 바로 편마암입니다.

화성암은 말 그대로 불에서 태어난 암석입니다. 이는 지구 내부의 마그마가 식고 굳어져 형성된 암석을 의미합니다. 화성암은 생성된 깊이에 따라 화산암과 심성암으로 나눌 수 있습니다. 화산암

퇴적암   변성암

화성암

은 마그마가 지표에 가까운 얕은 곳에서 빠르게 식으면서 형성된 암석으로, 암석을 이루는 광물 입자의 크기가 작습니다. 대표적인 화산암으로는 제주도에서 볼 수 있는 구멍이 뿡뿡 뚫린 현무암이 있습니다.

　반면 심성암은 마그마가 깊은 곳에서 서서히 식으면서 형성된 암석으로, 시간이 충분하여 광물 입자의 크기가 큽니다. 대표적인 심성암은 북한산이나 설악산을 구성하는 화강암이 있습니다. 화강암은 건축 자재로 많이 사용되며 견고함으로 유명합니다.

　이제 화성암, 화산암, 화강암처럼 헷갈리는 암석 이름도 그 차이가 명확해졌을 것입니다. 암석의 이름들이 단순히 외우기 어려운 단어가 아니라, 생성 과정과 장소에 따라 의미가 달라진다는 것을 이해하면 더욱 쉽게 기억할 수 있을 것입니다.

제주도에 있는
세계에서 가장 아름다운 '이것'

· 동굴 ·

사진은 유네스코 세계 자연 유산에 등재된 제주도 용천 동굴이다.

2005년 제주도에서 전신주 공사 중 우연히 거대한 용암동굴 하나를 발견하게 됩니다. 바로 거문오름용암동굴계에 속하는 용천동굴입니다. 유네스코 세계자연유산으로 등재된 제주도의 거문오름용암동굴계는 여러 나라의 동굴학자들로부터 '세계에서 가장 아름다운 용암동굴'로 불립니다.

이 동굴계에는 뱅뒤굴, 만장굴, 용천동굴 등 10여 개의 동굴이 포함되어 있는데, 그 희귀성은 세계적으로 높은 가치를 지니고 있습니다. 현재 만장굴의 일부만 일반인에게 개방되고 나머지 동굴은 출입이 제한됩니다.

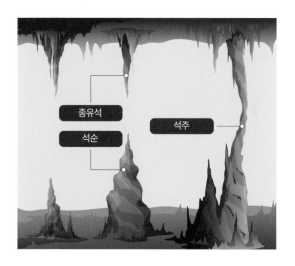

- **종유석:** 천장에 달린 고드름 모양의 석회질 생성물
- **석순:** 동굴 천장에서 바닥으로 떨어진 물방울에서 침전된 죽순 모양의 석회질 생성물
- **석주:** 종유석과 석순이 붙어서 기둥 모양을 이룬 것

동굴은 형성 과정에 따라 석회동굴과 용암동굴로 나뉩니다. 석회동굴은 석회암이 지하수에 의해 녹아 형성된 동굴로, 내부에는 종유석, 석순, 석주와 같은 석회질 생성물이 만들어집니다. 대표적인 석회동굴로는 영월군의 고씨동굴과 삼척시의 환선굴이 있습니다.

반면, 용암동굴은 용암이 흘러가는 동안, 표면은 차가운 공기와 만나 빠르게 굳고 내부의 용암은 빠져나가면서 형성됩니다. 우리나라 용암동굴은 제주도에만 존재합니다.

현재까지 제주도에서 발견된 용암동굴은 150여 개이며, 아직 발견되지 못한 동굴도 있을 것입니다. 그중 용천동굴은 용암동굴임에도 석회질 생성물을 가진 특별한 동굴입니다.

어떻게 용암동굴이 석회동굴에서나 볼 수 있는 석회질 생성물

$$CaCO_3 + H_2O + CO_2 \rightarrow Ca^{2+} + 2HCO_3^-$$

석회질 모래

탄산칼슘이 빗물에 용해되는 과정의 화학 반응식

$$Ca^{2+} + 2HCO_3^- \rightarrow CaCO_3 + H_2O + CO_2$$

석회질 생성물
(종유석, 석순, 석주)

탄산칼슘이 침전되는 과정의 화학 반응식

을 가질 수 있을까요? 그 비밀은 바다 속 조개에 있습니다. 조개 껍데기는 탄산칼슘($CaCO_3$)으로 이루어진 석회질 물질입니다. 조개껍데기는 파도에 부딪혀 잘게 부서지고, 결국 해안가를 이루는 모래로 변합니다.

이 모래는 바람에 실려 동굴 위에 쌓이게 됩니다. 비가 내리면서 모래 속 탄산칼슘이 빗물에 용해되어 용암동굴 속을 흐르게 됩니다. 동굴 내부에서는 다시 탄산칼슘이 고체 형태로 침전되며 동굴 바닥이나 천장에 석회질 생성물을 만듭니다.

바다에서 온 조개껍데기가 동굴 속에서 종유석, 석순, 석주로 새롭게 탄생하게 되는 것입니다.

칠레, 인도네시아, 알래스카의 공통점

· 판 구조론 ·

전 세계의 지진과 화산 활동의 70% 이상이 태평양 불의 고리에서 발생한다.
사진은 불의 고리 북단에 위치한 미국 알래스카의 오거스틴 화산이다.

1960년 칠레 발디비아에서 규모 9.5의 역사상 가장 강력한 지진이 발생했습니다. 이 지진으로 의한 쓰나미는 태평양을 건너 일본까지 피해를 주었습니다. 1815년 인도네시아 탐보라 화산 폭발은 폭발 지점에서 약 2,500km 떨어진 곳에서도 폭발 소리가 들릴 만큼 강력했습니다. 화산재가 하늘을 뒤덮어 햇빛을 차단하면서 이듬해인 1816년은 지구 전체가 '여름이 없던 해'로 기록되었습니다.

칠레와 인도네시아의 공통점은 지구상에서 가장 위험한 불의 고리에 위치해 있다는 것입니다. 태평양 가장자리를 둥글게 둘러싸고 있는 이 불의 고리는 전 세계 지진과 화산 활동의 70% 이상이 발생하는 곳입니다.

태평양 불의 고리(환태평양 조산대)에서 지진과 화산 활동이 활발

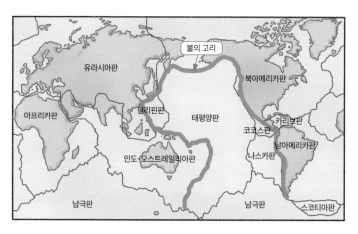

태평양 불의 고리의 위치를 표시한 지도

한 이유는 판 구조론으로 설명할 수 있습니다. 지구의 표면은 여러 개의 단단한 조각으로 이루어져 있는데 우리는 이 조각을 '판'이라고 부릅니다. 마치 여러 조각들을 이어 붙여 만든 축구공과 비슷한 형태입니다.

그러나 축구공을 이루는 조각과 달리 지구의 판들은 끊임없이 움직이고 있습니다. 판들은 일 년에 몇 센티미터씩, 사람의 손톱이 자라는 속도와 비슷한 느린 속도로 이동합니다. 비록 속도는 느리지만 거대한 판들의 움직임은 판의 경계에서 엄청난 사건을 만듭니다.

판의 경계에서는 판의 이동 방향에 따라 두 판이 멀어지고, 가까워지고, 어긋나면서 지진과 화산 활동이 일어납니다. 지도에 지진과 화산 활동이 자주 발생하는 곳을 표시하면 좁은 띠 모양으로 나타나는데, 이곳이 판의 경계이기 때문입니다.

태평양 불의 고리는 태평양 판과 그 주변의 여러 판들이 만나는 경계입니다. 이 경계에서는 판들이 부딪치면서 지진과 화산 활동이 특히 활발하게 일어납니다.

태평양 불의 고리에서 나타나는 판 경계는 대부분 섭입형 경계입니다. 섭입형 경계에서는 밀도가 큰 판이 밀도가 작은 판 아래로 들어가면서 지진과 화산 활동이 자주 발생합니다. 일본, 인도네시아, 칠레처럼 판의 섭입이 나타나는 지역에서는 거대한 지진과 화산 활동이 끊이지 않습니다.

또한, 불의 고리에는 세계에서 가장 활동적인 화산들이 집중되어 있습니다. 미국의 세인트헬렌스 화산, 필리핀의 피나투보 화산, 인도네시아의 크라카토아 화산 등은 모두 불의 고리 내에 있는 대표적인 활화산들입니다.

이처럼 대평양 불의 고리는 지질학적으로 매우 활발한 지역이지만, 동시에 많은 사람이 거주하는 지역이기도 합니다. 따라서 이 지역에서는 지진과 화산 폭발로 인한 피해를 줄이기 위해 조기 경보 시스템과 내진 설계 기술이 꾸준히 발전하고 있습니다.

한반도는 과연
지진 안전지대일까?

· 우리나라의 지진 ·

한반도는 판의 경계로부터 멀리 떨어져 있어 지진의 안전지대로 여겨졌다.
그러나 한반도 지각 내에 발달한 활성단층은 언제든 지진을 일으킬 수 있다.

우리나라에서 지진 관측을 시작한 이래 가장 큰 규모의 지진은 2016년 9월 12일 발생한 경주 지진입니다. 규모 5.1과 5.8의 지진이 연달아 일어나면서 많은 사람이 집이 흔들리고 가구가 움직이는 것을 직접 경험했습니다.

이듬해인 2017년 11월 15일에는 포항에서 큰 지진이 발생했는데, 공교롭게도 그날은 수능 시험 하루 전이었습니다. 결국 그날 저녁 수능 시험이 일주일 연기된다는 소식이 전해졌으며, 이는 자연재해로 인해 수능이 연기된 첫 사례로 기록되었습니다.

2016년과 2017년에 발생한 지진 중 사람이 체감할 수 있는 규모 3.0 이상의 지진은 각각 34회, 19회였으며, 이후에도 한반도에서는 크고 작은 지진이 매년 계속되고 있습니다.

우리는 57쪽에서 지진이 주로 판의 경계에서 발생한다는 사실을 배웠습니다. 일본은 판의 경계에 위치한 나라지만, 우리나라는 유라시아판 내부에 위치해 판의 경계로부터 상당히 멀리 떨어져 있습니다. 이 때문에 많은 사람이 우리나라를 지진의 안전지대라고 여겼습니다.

사실 한반도를 지진으로부터 완전히 안전한 지역이라고 보기에는 어려운 부분이 있습니다. 판의 경계가 아닌 내부에서도 지진이 발생할 수 있기 때문입니다.

판구조론으로 설명할 수 없는 판 내부 지진의 원인은 무엇일까요? 지진이란 단층이 움직이면서 땅이 흔들리는 현상입니다. 단층은 지층이 힘을 받아 두 개의 조각으로 끊어지고 이동한 구조를 말합니다. 우드락의 양쪽 끝을 손으로 잡고 힘을 주면 처음에는 우드락이 볼록하게 휘어집니다. 계속해서 힘을 주다 보면 우드락이 '뚝!' 하고 끊어집니다. 이때 에너지가 방출되며 우드락 조각과 손이 떨릴 것입니다.

지진도 이와 같은 원리로 발생합니다. 한반도에는 다수의 단층이 발달해 있고, 그중 일부는 앞으로 움직일 가능성이 있는 활성단층입니다. 한반도 지진의 주요 원인은 바로 이 활성단층입니다.

시간이 지나고 관측 기술이 발달함에 따라 과거에는 감지하지 못했던 작은 규모의 지진까지 기록되면서 지진이 증가한 것처럼 보이는 착시 효과가 일어났을 수도 있습니다. 그렇지만 한반도에서도 꾸준히 지진이 발생하는 것은 사실이며, 오랜 시간 잠잠했던 활성단층이 갑자기 움직이며 지진이 생기는 경우도 있기에 언제 지진이 일어날지 정확히 예측하기는 어렵습니다.

현재 우리나라에서는 내진 설계를 강화하고 지진 대비 훈련을 확대하는 등의 여러 노력이 이루어지고 있습니다만, 개인 차원에서도 지진 발생 시의 대처법을 익히는 것이 중요합니다. 책상 아래로 몸을 피하거나 머리를 보호하는 기본적인 행동 요령만 숙지해도 피해를 줄일 수 있습니다. 또한, 비상시 사용할 수 있는 물과 응급용품을 준비해 두는 것도 좋은 대비책이 될 것입니다.

지진은 우리가 막을 수 없는 자연현상이지만, 대비를 통해 피해를 줄이는 것은 가능합니다. 한반도의 지진 위험이 점점 주목받고 있는 지금, 우리는 과거의 경험을 교훈 삼아 더 나은 대비책을 마련해야 할 것입니다.

좁아지는 태평양,
넓어지는 대서양

· 판 경계의 종류 ·

태평양은 좁아지고 대서양은 넓어지고 있다.
먼 훗날에는 대륙들이 다시 합쳐져 거대한 초대륙이 탄생할지도 모른다.

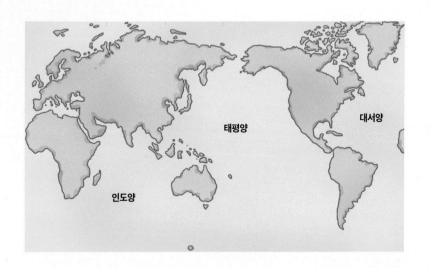

우리는 지구의 바다가 항상 지금과 같은 모습일 거라고 생각하기 쉽습니다. 하지만 바다는 늘 크기와 모양이 변하고 있습니다. 바다를 둘러싼 대륙이 아주 천천히, 그러나 꾸준히 움직이고 있기 때문이죠. 실제로 지구의 가장 큰 바다인 태평양은 점점 좁아지고 있고, 대서양은 점점 넓어지고 있습니다.

태평양과 대서양의 면적 변화는 판 구조론으로 설명할 수 있습니다. 현재 태평양과 대서양을 이루는 판들이 움직이는 속도와 방향으로 앞으로의 면적 변화를 예상하는 것입니다. 판과 판이 멀어지는 경계를 '발산형 경계', 가까워지는 경계를 '수렴형 경계'라고

- **초대륙:** 여러 개의 대륙이 하나로 뭉친 대륙
- **판게아:** 고생대 말부터 중생대 초까지 존재했던 초대륙

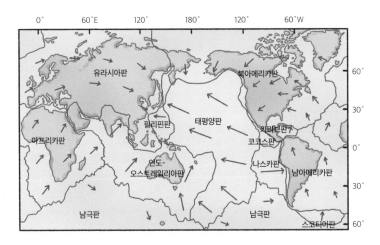

전 세계 판의 이동 방향과 이동 속력
화살표 길이는 판의 이동 속력을 의미한다. 화살표 길이가 길수록 판의 이동 속력이 빠르다.

합니다. 대서양 한가운데는 발산형 경계가 있습니다. 쉽게 말해 대서양을 이루는 판들이 서로 멀어지고 있는 것이죠. 멀어지면서 생긴 빈 공간으로 마그마가 올라와 새로운 해양 지각을 형성하면서 대서양은 점점 확장됩니다.

반면 태평양 가장자리에는 주로 수렴형 경계가 나타납니다. 이때 태평양을 이루는 해양판은 밀도가 크기 때문에 주변 판 아래로 섭입하면서 태평양의 면적은 점점 줄어듭니다. 태평양이 좁아진다면 태평양을 둘러싼 아시아, 오스트레일리아, 아메리카 대륙은 가까워질 것입니다. 그러다가 대륙들이 충돌하고 합쳐져 초대륙이 만들어질 수도 있지요. 마치 고생대 말 지구상 모든 대륙이 하나였던 판게아처럼 말이지요.

실제 대륙 이동은 여러 판의 복잡한 상호 작용에 따라 일어나므로 미래의 초대륙이 정확하게 어떤 모습일지는 알 수 없지만 분명한 것은 초대륙의 형성과 분열은 반복된다는 것입니다. 언젠가는 모든 대륙이 한 덩어리로 모여 어떤 나라든 육로 여행이 가능한 시대가 올 것입니다.

물론 대륙의 이동은 매우 느리게 일어나니 그 시대가 오기까지는 2억 년도 더 걸릴 것입니다. 현재 과학자들은 미래의 초대륙 시나리오를 몇 가지 예측하고 있습니다.

그중 하나는 약 2억 5천만 년 뒤 판게아 프록시마라는 초대륙이 형성될 것이라는 시나리오입니다. 현재는 넓어지고 있는 대서양이 언젠가 섭입을 시작해 점점 좁아지다가 완전히 사라지면서 아프리카, 유럽, 아메리카 대륙이 하나로 합쳐져 새로운 초대륙을 이룰 것이라는 가설입니다. 판게아 프록시마가 형성되면서 인류가 멸종할 것이라고 주장하는 과학자들도 있습니다.

학자들마다 예측하는 초대륙의 형태는 다르지만, 분명한 것은 초대륙의 형성과 분리가 지구의 판의 운동에 따라 반복되고 있다는 점입니다. 과거에도 대륙들은 끊임없이 움직이며 수차례 합쳐지고 갈라졌습니다. 앞으로도 지구의 모습은 계속 변화할 것이며, 우리가 알고 있는 세계 지도는 먼 미래에는 완전히 다른 모습으로 바뀌어 있을 것입니다.

2

CHAPTER

날씨부터 태풍까지 공기와 바람의 비밀

- 대기 -

왜 비행기를 타면
귀가 먹먹해질까?

· 기압 ·

일상에서 우리에게 가해지는 대기압은 약 1기압이다.
대기압은 높은 곳으로 갈수록 낮아진다.

비행기를 타고 하늘 높이 올라갈 때 귀가 먹먹해지는 느낌을 받은 경험이 있나요? 산에 올라갔을 때 과자 봉지가 빵빵하게 부풀어 오른 것을 본 적은요? 이 현상들은 모두 대기압의 변화와 관련이 있습니다. 평소에는 눈에 보이지 않지만, 대기압은 우리의 일상에 깊숙이 영향을 미치고 있습니다.

지구는 대기로 둘러싸여 있습니다. 대기의 무게로 인해 대기가 우리를 누르는 힘이 생기는데, 이를 '대기압'이라고 합니다. 보통 1기압이란 우리가 살고 있는 해수면(0m)에서의 대기압입니다. 높은 산에 올라가면 우리를 누르는 공기의 무게가 줄어들어 1기압보다 낮아지고, 깊은 물속에 들어가면 공기의 무게에 물의 무게가 더해져서 1기압보다 높아지는 것입니다.

산 정상에서 과자 봉지가 빵빵하게 부풀어 오르는 이유도 대기압으로 설명할 수 있습니다. 산 아래에서는 과자를 누르는 대기압

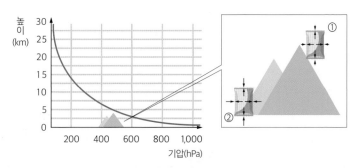

① 산 정상: 대기압 < 봉지 속 압력
② 산 아래: 대기압 = 봉지 속 압력

높이에 따른 기압 변화

아는 만큼 보이는 세상 | 지구과학 편

도 1기압이고 과자 봉지 속의 압력도 1기압으로 같아서 과자의 부피가 그대로입니다.

그런데 대기압은 높은 곳으로 갈수록 낮아집니다. 그 결과 산 정상에서는 과자를 누르는 대기압이 1기압보다 작아지지만, 과자 봉지 속 압력은 여전히 1기압입니다. 이렇게 과자 봉지 안과 밖의 기압 차이가 생기고, 이 기압 차이가 없어질 때까지 과자 봉지의 부피는 점점 부풀어 오릅니다. 과자 봉지의 부피는 백두산 정상에서는 약 1.3배, 에베레스트산 정상에서는 약 3배 더 커질 것입니다.

과자뿐만 아니라 사람도 높은 곳에 가면 기압의 차이를 느낄 수 있습니다. 높은 산에 오르거나 비행기를 타고 높이 올라가면 귀가 먹먹해지는 것도 대기압이 감소하기 때문에 나타나는 증상입니다. 기압 변화가 클 경우, 귓속 압력을 조절하는 유스타키오관이 적응하는 데 시간이 걸려 일시적인 불편함을 느끼기도 합니다.

평소 우리가 느끼는 1기압의 크기는 어느 정도일까요? 우리가 말하는 1기압은 $1cm^2$의 면적을 약 1kg의 공기가 누르고 있는 정도입니다. 이는 손가락 위에 두꺼운 책 한 권을 올려놓았을 때의 무게나, 학생용 책상 위에 코끼리를 올려놓았을 때의 무게와 비슷합니다. 우리 몸 전체를 기준으로 하면 수십 톤의 대기압을 받고 있는 셈입니다.

그렇다면 평상시 우리 몸에 작용하는 대기압이 상당히 크다는 것인데, 왜 우리는 대기압을 느끼지 못할까요? 바깥에서 우리 몸을 누르는 대기압만 있는 것이 아니라 몸 안에서 바깥쪽을 향하는 압력도 있기 때문입니다. 몸 안과 밖의 기압이 균형을 이루고 있는 것입니다.

이 균형이 유지되지 않으면 몸에 이상이 생길 수 있습니다. 급격한 기압 변화에 적응하지 못하면 두통이나 어지러움을 느낄 수 있는 것인데, 잠수부의 경우 깊은 물속에서 빠르게 상승할 경우 감압병이 발생할 수도 있습니다.

구름은 사실 액체다?

· 구름 ·

하늘에 떠다니는 구름은 기체가 아닌 액체 상태이다.
물방울의 반지름이 약 0.02mm로 매우 작기 때문에 하늘에 떠 있을 수 있다.

하늘을 올려다보면 수십억 개의 작은 물방울들의 모임을 볼 수 있습니다. 우리는 그 모임을 구름이라고 부릅니다. 구름을 기체 상태로 생각하는 사람들이 많지만, 사실 기체는 눈에 보이지 않습니다. 파란 하늘을 배경으로 한 흰 구름을 분명히 볼 수 있기 때문에 구름은 기체 상태가 아닌 액체 상태라는걸 알 수 있습니다.

구름 속 물방울의 반지름은 0.02mm 정도로 매우 작기 때문에 하늘에 떠 있을 수 있습니다. 이 물방울들은 구름 속에서 서로 충돌하며 크기를 키우기도 하는데, 충분히 무거워지면 지표로 떨어져 비를 내립니다. 이때 구름 속 물방울이 100만 개 이상 모여야 빗방울 하나가 만들어질 수 있습니다.

어떤 구름에서는 액체 상태의 물방울이 얼어 고체 상태인 얼음 결정이 만들어지기도 합니다. 이 경우 얼음 결정이 떨어져 눈이 되기도 하고, 떨어지다가 녹아 비가 되기도 합니다.

그럼 물방울은 투명한 색인데 왜 구름은 흰색일까요? 이는 태양빛이 물방울을 통과하는 방식과 관련이 있습니다. 태양빛은 빨

구름 입자와 빗방울의 크기

간색부터 보라색까지 다양한 색의 빛이 섞여 있는 혼합광입니다. 태양빛이 흰색으로 보이는 이유는 여러 가지 색의 빛이 함께 섞이면 우리 눈이 이를 흰색으로 인식하기 때문입니다.

이러한 태양빛이 대기의 공기 입자와 부딪치면 빛은 여러 방향으로 흩어집니다. 이 현상을 '산란'이라고 하는데 다른 색보다 파장이 짧은 파란색 빛이 산란이 잘 일어나 하늘이 파랗게 보이는 것입니다.

그렇다면 태양빛이 구름 속의 물방울과 부딪치면 어떻게 될까요? 공기 입자와 마찬가지로 산란이 일어납니다. 차이점은 구름 속 물방울에 의한 산란은 빨간색부터 보라색까지 모든 색의 빛이 거의 동일하게 산란된다는 것입니다. 그 결과 산란된 여러 가지 색의 빛이 동시에 눈에 들어와 혼합되어 구름이 하얗게 보이는 것입니다.

뿌릴 때마다 차가워지는
스프레이 통의 비밀

· 단열 팽창 ·

외부와 열 교환 없이 공기의 부피 변화만으로 온도가 변하는 것을 단열 변화라 한다.
구름은 단열 팽창으로 공기가 식으면서 수증기가 물방울로 변해 생긴다.

여름철 밤만 되면 윙윙 시끄러운 소리를 내며 찾아오는 불청객이 있습니다. 바로 모기입니다. 우리는 이 모기를 잡기 위해 스프레이 살충제를 사용합니다. '칙' 하고 스프레이를 뿌렸을 때 잡고 있는 통이 차가워지는 것을 한 번쯤 느껴보았을 것입니다. 통 안의 압축 공기가 좁은 공간에서 넓은 공간으로 나오면서 팽창하여 온도가 낮아지는 단열 팽창의 원리입니다.

단열 변화란 외부에서 열을 얻거나 외부로 열을 빼앗기지 않고 온도가 변하는 것입니다. 외부와의 열 교환 없이 온도가 변할 수 있는 이유는 공기의 부피 변화 때문입니다. 외부와 열 교환 없이 공기의 부피가 팽창하면 온도가 낮아지는데, 이를 '단열 팽창'이라고 합니다.

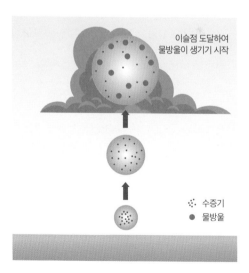

구름의 생성 원리

뜨거운 음식을 먹을 때면 입을 작게 오므리고 '후~' 하고 불면서 음식을 식힙니다. 공기가 입안의 작은 공간에서 입 밖의 넓은 공간으로 나오며 단열 팽창이 일어나 온도가 낮아져서 음식을 식힐 수 있는 것입니다. 반대로 공기의 부피가 압축되면 온도가 높아지는데, 이는 '단열 압축'이라고 합니다.

구름의 생성 과정은 단열 팽창으로 설명할 수 있습니다. 지표면 근처에 있는 공기 덩어리가 높은 곳으로 상승하는 상황을 떠올려 봅시다. 기압은 높이가 높을수록 감소합니다. 따라서 높은 곳에서는 공기 덩어리를 누르는 주변 기압이 감소하면서 공기 덩어리의 부피가 팽창하게 됩니다.

이때 공기 덩어리는 내부 에너지를 이용하여 팽창하는 일을 합니다. 내부 에너지가 감소하므로 공기 덩어리의 온도는 내려갑니다. 온도가 감소하다가 상대 습도가 100%가 되는 지점에서 수증기가 응결하여 액체 상태의 물방울로 변하는데, 이때의 온도를 이슬점이라고 합니다. 이렇게 응결로 만들어진 물방울들이 모여 구름이 됩니다.

사실 공기 덩어리가 충분히 냉각되어 이론적으로 응결이 일어날 조건이 갖춰지더라도, 실제로 응결이 일어나는 것은 쉽지 않습니다. 수증기 분자들이 서로 뭉치는 것을 도와줄 응결핵이 필요합니다. 응결핵은 수증기의 응결을 도와주는 작은 입자로, 공기 중에 떠다니는 먼지, 연기, 소금 입자들을 말합니다.

따라서 공기가 맑고 깨끗한 지역에서는 구름이 쉽게 형성되지 않는 경우도 있습니다. 반면, 대기 중 먼지가 많은 산업 지역이나 해안에서는 응결핵이 풍부해 구름이 더 쉽게 생성될 수 있습니다.

한국에 사계절이
존재하는 이유

· 기단 ·

중위도 지역에서는 대규모 공기 덩어리인 기단의 영향을 받아 계절별로 날씨가 다르다.
한국의 사계절이 뚜렷한 이유 중에는 이러한 기단의 영향도 크다.

요즘엔 흔히 사람의 성격 유형을 MBTI로 나타냅니다. 외향형인 E와 내향형인 I, 계획적인 J와 융통성 있는 P 등으로 성격을 분류합니다.

공기에도 이와 비슷한 개념이 있습니다. 바로 '기단'입니다. 사람의 성격이 태어나고 자란 환경에 영향을 받아 형성되는 것처럼, 기단의 성질은 발원지의 영향을 받습니다. 공기 덩어리가 오랜 시간 동안 한 지역에 머물게 되면 공기 아래 지표면을 닮는 것입니다.

기단의 성질에는 온도와 습도가 있습니다. 온도는 발원지의 위도에 따라 결정됩니다. 고위도에서 만들어진 기단일수록 온도가

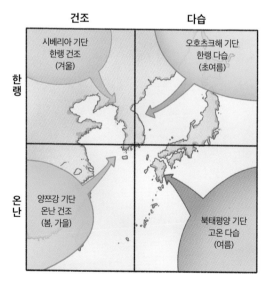

우리나라 주변의 기단

낮습니다. 습도는 발원지가 대륙인지 바다인지에 따라 달라집니다. 대륙 위에서는 건조한 기단이, 바다 위에서는 다습한 기단이 형성됩니다. 이렇게 만들어진 기단은 세력이 커지거나 작아질 수 있습니다. 우리나라 주변 기단도 계절에 따라 세력이 변하며 사계절 날씨에 영향을 줍니다.

사람의 성격이 환경에 따라 변하듯 기단도 발원지에서 형성된 성질이 변할 수 있습니다. 기단이 발원지를 벗어나 다른 지역으로 이동하게 되면 이동한 지역의 지표면의 영향을 받아 원래 성질을 잃고 성질이 변하게 되는데, 이를 '기단의 변질'이라고 합니다.

겨울철 우리나라 서해안에 내리는 폭설도 기단의 변질로 설명할 수 있습니다. 시베리아 기단은 원래 한랭 건조한 성질을 가지고 있지만, 겨울철 황해를 지나 우리나라로 이동하면 그 성질은 변합니다. 발원지보다 상대적으로 저위도로 이동하니 기단의 하층이 가열되고, 바다를 지나니 기단에 수증기가 공급됩니다. 이렇게 열과 수증기를 공급받은 시베리아 기단의 공기는 상승하면서 두꺼운 구름을 형성하고 서해안에 많은 눈을 내리는 것입니다.

공기끼리 힘겨루기를 할 때
발생하는 일

· 장마 ·

오호츠크해 기단과 북태평양 기단이 힘겨루기를 하며 장마가 시작된다.
기단 싸움에서 북태평양 기단이 이기면 장마가 끝난다.

우리나라에서는 여름이 되면 하늘 위 공기 덩어리들의 줄다리기가 시작됩니다. 초여름에서 여름으로 넘어가면서 비슷한 힘을 가진 오호츠크해 기단과 북태평양 기단이 힘겨루기를 하는 것이죠. 이 힘겨루기가 바로 우리가 알고 있는 '장마'입니다.

따뜻한 기단과 찬 기단이 만나면 어떻게 될까요? 두 기단은 바로 섞이지 않고 경계면을 만듭니다. 이 경계면을 '전선면'이라고 하고, 전선면과 지표면이 맞닿아 만드는 선을 '전선'이라고 합니다. 전선을 만든 두 기단 중 따뜻한 기단은 위로 상승하게 됩니다. 그 결과 전선 주변에서는 구름이 만들어지고 비가 내립니다.

전선의 종류에는 한랭 전선, 온난 전선, 폐색 전선, 정체 전선 네 가지가 있습니다. 이 중 정체 전선은 전선을 형성하는 두 기단의 세력이 거의 비슷할 때 한곳에 오랫동안 머물며 비를 내리는 전선입니다. 말 그대로 한 곳에 멈춰 서서 움직이지 않는 전선이지요.

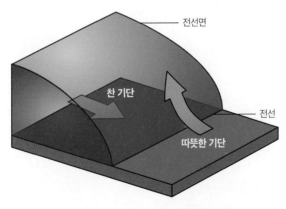

따뜻한 기단과 찬 기단이 만나 형성되는 전선면

우리나라 여름철에는 남쪽으로 내려오려는 오호츠크해 기단과 북쪽으로 올라오려는 북태평양 기단이 만나 정체 전선을 만들고, 장마가 시작됩니다.

일기 예보에서 장마라고 하는데 내가 사는 지역에는 비가 오지 않아 의아했던 경험이 있지 않나요? 사실 한반도 위에 정체 전선이 있다고 해서 우리나라 모든 지역에 비가 오는 것은 아닙니다. 정체 전선이 오르락내리락 하면서 비가 내리는 지역은 계속 달라집니다.

태평양 기단의 힘이 세지면 정체 전선이 북상하고, 오호츠크해 기단이 힘이 세지면 정체 전선은 남하합니다. 이런 정체 전선의 위치 변화로 인해 지역에 따라 비가 오는 시기와 양이 차이 날 수

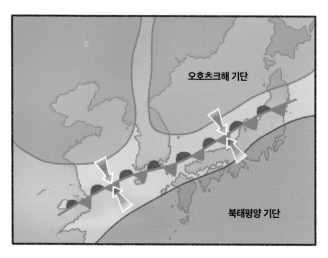

우리나라의 정체 전선

있습니다.

　장마는 두 기단의 줄다리기가 끝날 때까지 계속되며, 마침내 줄다리기에서 북태평양 기단이 이기게 되면 장마가 끝나고 무더운 여름이 찾아옵니다.

중위도 날씨를
결정하는 '시옷(ㅅ)'

· 온대 저기압 ·

저기압은 흐린 날씨, 고기압은 맑은 날씨를 만든다.
온대 저기압은 주로 우리나라의 봄철과 가을철 날씨에 영향을 미친다.

"오늘 기분이 저기압이야"라는 말을 들어본 적 있나요? 실제로 저기압일 때 날씨는 흐리거나 비가 오기 쉬워서 우리의 기분도 우울해질 수 있습니다. 반대로, 고기압일 때는 하늘이 맑고 쾌청한 날씨가 이어져 기분이 좋아지곤 하지요. 그래서 "기분이 저기압일 땐 고기 앞으로"라는 말도 있지요.

저기압과 고기압은 날씨 변화의 중요한 키워드로, 우리나라와 같은 중위도 지역에서는 특히 'ㅅ' 모양의 온대 저기압이 날씨에 큰 영향을 미칩니다.

저기압과 고기압은 상대적인 개념입니다. 예를 들어, 어떤 장소의 기압이 1,000hPa(헥토파스칼)이라면 이곳이 저기압인지 고기압

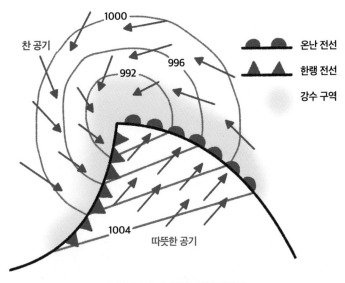

온대 저기압이 나타났을 때의 일기도

인지는 주변 기압에 따라 달라집니다. 주변 기압이 1,000hPa보다 높다면 이곳은 주변에 비해 기압이 낮으므로 저기압입니다. 주변 기압이 1,000hPa보다 낮다면 이곳은 고기압이 됩니다. 따라서 저기압 옆에는 항상 고기압이, 고기압 옆에는 항상 저기압이 존재하게 됩니다.

온난 전선 앞
A의 날씨
층운형 구름
오랜 시간 가늘게 비

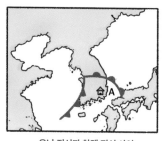

온난 전선과 한랭 전선 사이
A의 날씨
따뜻하며 구름이 없음
비가 내리지 않음

한랭 전선 뒤
A의 날씨
적운형 구름
짧은 시간 강하게 비

온대 저기압과 날씨 변화

북반구에서 온대 저기압은 고위도에서 내려오는 차가운 공기와 저위도에서 올라오는 따뜻한 공기가 만나면서 형성됩니다. 이 저기압의 중심 주변에는 두 개의 전선이 존재하는데, 남서쪽에는 한랭 전선, 남동쪽에는 온난 전선이 나타납니다. 이로 인해 온대 저기압 주변의 날씨는 전선을 기준으로 세 구역(91쪽 그림 참고)으로 나뉘게 됩니다.

　두 전선을 동반한 'ㅅ' 모양의 온대 저기압은 중위도에 부는 편서풍을 타고 서쪽에서 동쪽으로 이동합니다. 우리나라 위에 놓인 온대 저기압 역시 서쪽에서 동쪽으로 지나가며 우리나라 날씨를 변화시킵니다. 온대 저기압이 지나가고 나면 뒤따라오던 고기압이 우리나라 위에 놓이게 되어 구름이 없는 맑은 날씨가 찾아옵니다.

개미, 장미, 매미의
특별한 공통점

· 열대 저기압 ·

태풍의 피해 지역은 위험 반원과 안전 반원으로 나뉜다.
진행 방향의 오른쪽은 위험 반원, 왼쪽은 안전 반원이다.

개미, 장미, 매미가 태풍과 관련이 있다는 사실, 들어본 적 있나요? 이 세 단어는 단순히 '미'로 끝나는 두 글자 단어라는 공통점을 넘어 태풍의 이름으로도 사용된 적이 있다는 특별한 사연을 가지고 있습니다.

태풍의 이름은 태풍위원회 회원국들이 제출한 140개의 단어로 정해집니다. 개미와 장미는 한국이 제출한 태풍 이름이며, 매미는 북한이 제출한 태풍 이름입니다. 총 140개의 단어가 다 사용되면 이전에 사용된 단어가 다시 사용됩니다. 그런데, 태풍 매미는 시간이 지나도 다시 올 수 없습니다. 2003년 너무 큰 피해를 남긴 후 태풍 이름 후보에서 퇴출되었기 때문입니다.

태풍의 또 다른 이름은 '열대 저기압'입니다. 열대 저기압이란 따뜻한 저위도 열대 해상에서 발생하는 저기압입니다. 태풍이 발생하면 두꺼운 구름이 생기고 많은 비가 내리는 이유도 태풍이 저기압이기 때문입니다.

그런데 저위도에서 발생한 태풍이 어떻게 중위도에 있는 우리나라까지 피해를 주는 걸까요? 발생 장소에서 가만히 있지 않고 위도가 높아지는 방향으로 이동하기 때문입니다. 그렇게 이동한 태풍은 보통 중위도 지역에서 소멸합니다.

위도 60° 이상의 고위도 지역까지 영향을 주는 경우는 드문데, 그 이유는 태풍이 강한 세력을 유지하려면 바다로부터 끊임없이 수증기를 공급받아야 하기 때문입니다. 이동하다가 육지를 만나

아는 만큼 보이는 세상 | 지구과학 편

게 되면 수증기 공급이 줄어드는데다가 지표면과의 마찰이 증가하여 세력이 약해지며 소멸하게 됩니다.

태풍의 위험성은 태풍의 이동 방향과 태풍 회전에 의한 바람 방향에 따라 다르게 나타나며, 이를 구분하는 개념이 '위험 반원'과 '안전 반원'입니다. 북반구에서 태풍 진행 방향의 오른쪽 지역은 태풍의 이동 방향과 태풍 내 바람 방향이 같아 풍속이 강해지므로 위험 반원이라고 합니다. 반대로 태풍 진행 방향의 왼쪽 지역은 태풍의 이동 방향과 태풍 내 바람 방향이 반대라 풍속이 약해지므로 안전 반원이라고 합니다.

예를 들어, 태풍이 제주도에서 서울로 이동한다면 동해안 지역은 위험 반원에, 서해안 지역은 안전 반원에 속하게 됩니다. 그렇지만 안전 반원이라는 이름만 보고 서해안 지역에는 피해가 전혀

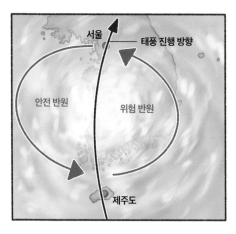

안전 반원과 위험 반원

없을 것이라고 오해하면 안 됩니다. 안전 반원은 위험 반원과 비교했을 때 상대적으로 풍속이 약하고 피해가 덜 하다는 의미이기 때문입니다.

지구도 자외선 차단제를 바른다?

· 오존층 ·

최초의 지구에는 자외선을 막아 주는 오존층이 없었다.
바닷속 남세균의 광합성으로 대기 중 산소가 축적되면서 오존층이 생겨났다.

지구 최초의 생명체는 육지가 아닌 바다에서 등장했을 것으로 추정됩니다. 그 이유는 자외선으로부터 육지보다 바다가 안전했기 때문입니다.

　최초의 생명체가 등장할 당시 지구 대기에는 오존층이 없었습니다. 따라서 태양으로부터 오는 위험한 자외선이 지표까지 도달하였고, 육지에 생명체가 사는 것은 불가능했습니다.

　현재는 지구 대기에 자외선을 차단하는 오존층이 있으므로 육지에도 생명체가 살 수 있습니다. 그렇다면 지구의 자외선 차단제인 오존층은 어떻게 만들어졌을까요? 오존을 만들기 위한 필수 재료인 산소가 어떻게 만들어졌는지부터 살펴보겠습니다.

　현재 지구 대기의 주성분은 질소와 산소입니다. 그러나 지구 탄생 초기 원시 대기에는 질소는 있었지만, 산소는 거의 없었습니다. 산소는 바닷속 남세균의 광합성으로 만들어졌습니다. 남세균이 만든 산소는 바다에 축적되었고, 이후 바닷속 산소는 대기로

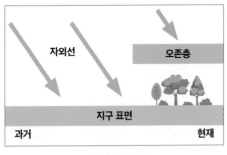

오존층의 역할

　　　　　　　　아는 만큼 보이는 세상 | 지구과학 편

방출되어 대기 중에도 산소가 쌓이기 시작했습니다.

이렇게 만들어진 대기 중 산소 분자(O_2)는 태양으로부터 온 자외선과 반응하여 산소 원자(O) 두 개로 분리됩니다. 산소 원자와 아직 분리되지 않은 산소 분자가 결합하여 오존(O_3)을 형성하였습니다.

오존의 90% 이상은 고도 약 20~30km에 모이게 되었으며, 이를 오존층이라고 합니다. 오존층 덕분에 육지는 자외선으로부터 안전해지고 다양한 동식물이 서식할 수 있는 환경이 되었습니다.

그런데 남세균이 수억 년에 걸쳐 만들어 낸 소중한 오존층이 프레온가스(CFCs)와 같은 화학 물질로 인해 파괴되고 있습니다. 프레온가스는 과거에 냉장고와 에어컨의 냉매로 사용되었습니다. 최근에는 프레온가스 사용이 대부분 중단되었지만 과거에 방출된 프레온가스가 여전히 오존층을 파괴하고 있습니다.

오존층에 구멍이 뚫리면 자외선 차단 효과가 줄어들어 피부암, 백내장과 같은 질병의 위험이 커지게 됩니다. 따라서 우리는 프레온가스 사용을 철저히 규제하고 오존층이 회복되기를 기다려야 합니다. 오존층이 회복되는 데에는 상당한 시간이 필요하지만, 국제적인 환경 보호 조치 덕분에 일부 지역에서는 점차 회복되는 징후가 보이고 있습니다.

또한, 오존층 보호를 위해 친환경적인 대체 물질을 개발하고 사용해야 합니다. 태양으로부터 오는 자외선을 적절히 차단하면서도 자연환경을 보호할 수 있는 다양한 연구가 진행되고 있습니다. 우리의 작은 실천이 모이면 미래 세대가 안전한 환경에서 살아갈 수 있을 것입니다. 결국 오존층 보호는 지구 전체의 지속 가능한 생태계를 유지하는 중요한 과제입니다.

지구가 점점
뜨거워지고 있다!

· 지구 온난화 ·

지구 온난화로 인해 빙하가 빠르게 녹으며 해수면 상승이 가속화되고 있다.
이는 북극곰뿐만 아니라 인간의 생활 터전까지 위협하고 있다.

2019년, 아이슬란드에서는 700년 동안 두꺼운 얼음 층을 유지하던 오크 빙하의 죽음을 기리기 위한 '빙하 장례식'이 열렸습니다. 오크 빙하는 지구 온난화의 영향으로 점차 녹아내리다가 2014년에 공식적으로 빙하로서의 지위를 잃었습니다. 지금도 지구 곳곳에서 많은 빙하가 사라지면서 빙하 장례식이 이어지고 있습니다.

빙하의 면적이 줄어들면 북극곰은 서식지를 잃게 됩니다. 그런데 빙하 융해로 생활 터전을 잃는 것은 인간도 마찬가지입니다. 빙하가 녹아 생긴 물이 바다로 유입되면서 해수면이 상승하기 때문입니다.

지구 온난화로 인한 해수의 열팽창 역시 해수면 상승을 일으킵니다. 이로 인해 해안 저지대는 침수 위기에 처하게 되는데, 대표적인 장소가 태평양 섬나라 투발루입니다. 평균 해발 고도가 3m에 불과한 투발루는 이미 일부 지역이 침수되었고, 2100년에는 섬 전체가 물에 잠길 것으로 예상됩니다. 기후난민이 된 투발루 주민들은 고향을 떠나 인근 국가로 이주하고 있습니다.

사실 빙하를 녹인 것은 다름 아닌 인간입니다. 화석 연료 사용과 산림 벌채가 지구 온난화의 주요 원인이기 때문입니다. 산업화와 함께 석탄, 석유, 천연가스와 같은 화석 연료가 대량으로 사용되었고, 그 과정에서 다량의 이산화탄소가 대기 중에 방출되었습니다. 이산화탄소는 대표적인 온실 기체로, 대기에 머물면서 지구의 복사 에너지를 가두어 지구 표면 온도를 상승시킵니다.

산림 벌채는 나무를 베어내거나 숲을 파괴하는 것입니다. 나무는 이산화탄소를 흡수하고, 산소를 배출하는 광합성을 하는데 산림 벌채로 나무가 줄어들면 나무가 빨아들이는 이산화탄소가 줄어들어 대기 중 온실 기체 농도가 증가합니다.

지구 온난화를 해결하기 위해 탄소 중립을 실천해야 한다는 이야기를 들어본 적 있을 겁니다. 탄소 중립이란 이산화탄소의 배출량을 줄이고, 흡수량을 늘려 순 배출량을 0에 가깝게 만드는 것입니다.

이를 위해 화석 연료 대신 신재생 에너지를 사용하여 이산화탄소 배출량을 줄이고, 숲을 복원하여 대기 중 이산화탄소 흡수량을 늘려야 합니다. 더 이상의 빙하 장례식이 없도록 지금부터라도 기후변화를 막기 위한 노력을 해야 할 때입니다.

우리가 몰랐던
황사의 두 얼굴

· 황사 ·

사진은 황사가 발생한 날의 남산 서울타워의 모습이다.

봄철이 되면 창밖을 보며 '오늘은 외출을 피해야겠구나'라는 생각이 들 때가 많습니다. 중국에서 날아온 황사가 하늘을 뿌옇게 뒤덮어 우리의 눈과 목을 괴롭게 만들기 때문이죠. 그런데 백해무익해 보이는 이 황사에 사실은 이로운 점도 있다는 사실을 알고 있나요?

황사란 높이 올라간 모래 먼지가 바람을 타고 멀리까지 날아가 서서히 떨어지는 현상을 말합니다. 우리나라는 봄철에 몽골과 중국에서 오는 황사의 영향을 받습니다. 몽골이나 중국의 사막에서 발생한 모래 먼지가 편서풍을 타고 동쪽으로 이동하여 우리나라까지 오게 되는 것이죠. 때로는 모래 먼지가 태평양을 건너 북아메리카 대륙까지 도달하기도 합니다.

이렇게나 먼 거리를 이동할 정도로 황사 모래는 매우 작아 인체 깊숙이 침투할 수 있고, 호흡기 질환과 눈병을 유발합니다. 또, 자

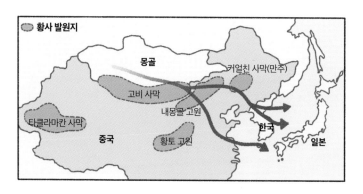

황사의 발원지와 이동 경로

동차나 항공기 같은 정밀 기계 장치에 들어가 고장을 일으키기도 합니다.

황사에 부정적인 면만 있는 것은 아닙니다. 황사 모래에는 석회, 마그네슘, 칼슘 성분이 있으며 이 성분들은 대기 중의 산성 물질을 중화시켜 산성비를 억제하는 역할을 합니다. 이로 인해 토양과 호수의 산성화도 방지됩니다. 모래 먼지가 산성비를 중화시키는 자연 필터 역할을 하는 것입니다.

사하라 사막을 발원지로 하는 황사는 생태계에 긍정적 영향을 주기도 합니다. 사하라 사막은 유럽이 통째로 들어갈 정도로 큰 사막입니다. 사하라 사막의 모래는 무역풍을 타고 서쪽으로 이동하여 대서양을 건너 남아메리카의 아마존 우림까지 도달합니다. 이 모래에는 인(P) 성분이 들어 있어, 식물 성장을 도와주는 비료

사하라 사막과 아마존의 상호 작용

역할을 하게 됩니다. 사하라에서 시작된 황사가 아마존 우림을 울창하게 만들어 준 것이지요. 이처럼 황사는 두 가지 얼굴을 지니고 있습니다.

비행기가 하늘에 남긴 흰 줄무늬의 정체

· 비행운 ·

비행운은 대기가 건조하면 금방 사라지고, 습하면 오랜 시간 유지된다.

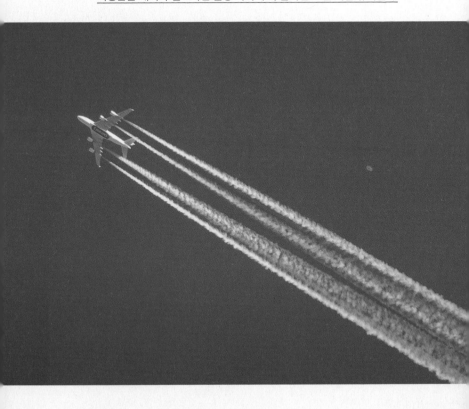

하늘에서 비행기가 지나간 자리에 길게 남은 하얀 줄무늬를 본 적이 있을 겁니다. 일부 사람들은 이를 유해한 화학 물질이 배출된 흔적으로 오해하기도 합니다. 그러나 이 줄무늬의 정체는 비행운, 즉 비행기가 지나갈 때 형성되는 구름의 일종입니다. 자동차의 매연과는 형성 과정이나 성분 면에서 다른 현상이랍니다. 그렇다면 비행운은 어떻게 생기는 걸까요?

우리는 공기 덩어리의 온도가 감소하면 응결이 일어나고, 응결로 만들어진 물방울들이 모여 구름을 형성한다는 사실을 배웠습니다. 또한, 구름이 형성되기 위해서는 응결을 돕는 작은 입자인 응결핵이 필요하다는 사실도 알게 되었지요(80쪽 참고).

비행운도 구름의 일종이기 때문에 이러한 원리로 형성됩니다. 다만 일반적인 구름은 공기 덩어리가 상승하면서 단열 팽창이 일어나 응결하지만, 비행운은 비행기의 뜨거운 배기가스가 차가운 외부 공기와 만나 급격히 냉각되면서 응결이 일어난다는 점에서 차이가 있습니다.

비행운은 비행기가 차고 습한 대기를 통과할 때 형성됩니다. 비행기는 보통 8km 이상의 높은 고도에서 이동하며, 이곳의 온도는 영하 40℃ 이하로 매우 낮습니다. 또한, 구름이 형성되려면 수증기를 많이 포함한 습한 공기가 필요하다는 점도 중요합니다. 비행기가 차갑고 습한 대기를 통과하는 동안 비행기 엔진에서는 뜨거운 배기가스가 배출됩니다. 이 배기가스가 바깥의 찬 공기와 만나면 온도가 급격히 떨어지고, 이 과정에서 응결이나 동결이 일어나 물방울이나 얼음 결정이 형성됩니다. 이때 배기가스에 포함된 미세먼지가 응결핵으로 작용하여 비행운 형성을 돕습니다.

이렇게 형성된 물방울과 얼음 결정들이 비행기의 자취를 따라 가늘고 긴 꼬리 모양의 비행운을 만듭니다. 만약 대기가 건조하면 비행운이 금방 사라지지만, 대기가 습한 경우는 비행운이 몇 시간 동안 유지되기도 합니다.

왜 갈 때와 올 때의
비행시간이 다를까?

· 제트 기류 ·

갈 때와 올 때의 비행시간이 다른 이유는 제트 기류 때문이다.
제트 기류는 서쪽에서 동쪽으로 이동하는 비행기에 추진력을 더해 준다.

해외여행을 계획하며 항공권을 예매할 때, 갈 때와 올 때의 비행시간이 다른 것을 보고 의아했던 경험이 있을 겁니다. 예를 들어, 인천에서 로스앤젤레스로 가는 데는 약 11시간이 걸리지만, 로스앤젤레스에서 인천으로 돌아오는 데는 13시간 이상이 소요됩니다.

일반적으로 A에서 B로 가는 시간과 B에서 A로 돌아오는 시간은 같아야 할 것 같은데, 왜 비행시간은 이렇게 차이가 나는 걸까요?

먼저 세계 지도를 펼쳐 인천과 로스앤젤레스의 위치를 확인해 봅시다. 태평양을 중심으로 인천은 서쪽, 로스앤젤레스는 동쪽에 위치합니다. 따라서 인천에서 로스앤젤레스로 갈 때는 서쪽에서 동쪽으로 이동하고, 로스앤젤레스에서 인천으로 돌아올 때는 그 반대로 이동하게 됩니다. 바로 이 이동 방향이 비행시간의 차이를

제트 기류와 비행시간

아는 만큼 보이는 세상 | 지구과학 편

만드는 원인입니다.

중위도 상공에는 서쪽에서 동쪽으로 부는 편서풍이라는 바람이 있습니다. 편서풍은 고도가 높아질수록 풍속이 빨라지는데, 편서풍이 부는 가장 높은 고도인 대류권 계면(약 11km)에서의 편서풍을 '제트 기류'라고 부릅니다. 제트 기류의 풍속은 무려 약 50m/s에 달합니다. 태풍의 풍속이 약 17m/s 정도이니 태풍보다 제트 기류가 훨씬 더 빠른 바람이지요.

흥미로운 점은 제트 기류가 부는 고도와 비행기가 이동하는 고도가 거의 같다는 것입니다. 그래서 서쪽에서 동쪽으로 이동하는 비행기의 경우, 제트 기류가 비행기를 밀어주는 역할을 하여 비행 시간이 줄어듭니다. 앞으로 비행기를 탈 때 내가 가는 방향이 제트 기류의 방향과 일치한다면 '제트 기류 덕분에 더 빠르게 가고 있구나'라고 떠올려 보세요.

3

CHAPTER

알면 알수록
신기한
지구의 70%
들여다보기

- 바다 -

바닷속은 왜 깊이 들어갈수록
온도가 낮아질까?

· 해수의 층상 구조 ·

바다의 평균 수심은 약 3,500m이다.
해수는 깊이에 따라 수온이 달라지는 세 개의 층으로 나뉜다.

이 책 19쪽에서 언급했듯, 지구는 '푸른 행성'이라는 별명을 가지고 있습니다. 지구 표면의 70% 이상이 푸른 바다로 덮여 있기 때문이죠. 지금부터는 광활한 바다에 대해 이야기해 볼까 합니다.

우리가 흔히 바다하면 떠올리는 얕은 해변은 바다의 극히 일부에 불과합니다. 바다의 평균 수심은 약 3,500m에 달할 정도로 깊으니까요. 바다 깊숙이 존재하는 심해는 해변과는 완전히 다른 신비로운 공간입니다.

심해는 태양 복사 에너지가 도달하지 않아 차갑고 어둡습니다. 해수면에 도달한 태양 복사 에너지는 약 200m 이내에서 모두 흡수되기 때문에 그보다 깊은 바다에는 태양 복사 에너지가 닿지 않습니다.

그렇다면 해수의 수온은 깊이가 깊어질수록 낮아질까요? 대체

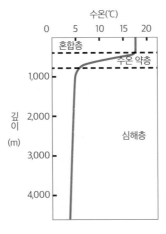

해수의 층상 구조

로는 그렇지만 정확하게 말하자면 해수는 깊이에 따라 수온이 일정하거나 낮아지는 세 개의 층으로 나뉩니다. 가장 얕은 곳에는 깊이에 따라 수온이 일정한 '혼합층'이 나타납니다.

혼합층은 대기와 가장 가까운 층이므로 바람의 영향을 받습니다. 바람이 불면 표층의 물이 골고루 섞이므로 수온 차이가 없어지게 됩니다. 혼합층의 두께는 바람의 세기에 따라 달라지고, 같은 해역이더라도 바람이 강한 겨울에는 혼합층이 더 두껍게 발달하며, 바람이 약한 여름에는 얇아지는 경향이 있습니다.

혼합층 아래에는 '수온 약층'이 있습니다. 이 구간에서는 깊이가 깊어질수록 수온이 급격히 낮아집니다. 이는 깊을수록 태양 복사 에너지가 도달하지 못해 수온이 낮아지기 때문입니다. 스쿠버 다이빙을 할 때 수온 약층을 지나면 추위가 느껴지고 시야가 흐려지는 경험을 할 수 있는데, 이를 수온 약층 포인트라고 부릅니다.

수온 약층 아래는 '심해층'입니다. 이 층에는 태양 복사 에너지가 거의 도달하지 않기 때문에 깊이에 관계없이 수온이 일정하게 유지됩니다. 심해층의 수온은 대체로 0~4℃로 일정하며, 장소나 계절에 큰 영향을 받지 않습니다.

홍콩의 러버덕이
알래스카에서 발견된 사연

· 표층 해류 ·

1992년, 화물선 사고로 3만 개의 오리 장난감이 바다로 쏟아졌다.
이들은 해류를 따라 이동하며 해류 연구의 실마리를 제공했다.

아이들의 목욕 장난감으로 쓰이는 노란 오리 장난감 러버덕. 이 작은 러버덕이 욕조 밖 넓은 바다를 떠다니며 세계 여행을 했다는 사실이 믿어지나요?

러버덕의 여행은 1992년 태평양에서 발생한 화물선 사고로 시작됩니다. 사고 당시 화물선이 싣고 가던 3만 개의 오리 장난감이 바다로 쏟아져 나왔습니다. 이때부터 오리 장난감들은 해류에 몸을 맡기고 세계 여행을 시작하였습니다.

미국의 해양학자인 커티스 에비스메이어에게 이들의 여행은 엄청난 기회였습니다. 그는 부유물을 이용하여 해류를 연구하고 있었으나 환경 오염 때문에 부유물 사용에 제한이 있어 어려움을 겪었습니다. 그러던 와중 우연한 사고로 3만 개의 부유물이 바다에 방출되었으니, 초대형 실험을 할 수 있는 기회가 생긴 것이었지요. 그는 오리 장난감이 발견된 시기와 위치를 이용하여 해류를 파악할 수 있었습니다.

그런데 해수의 흐름인 해류는 왜 생기는 것일까요? 해류는 바람의 영향을 받아 발생합니다. 저위도 해역에서는 무역풍의 영향으로 동쪽에서 서쪽으로 해류가 흐르고, 중위도 해역에서는 편서풍의 영향으로 서쪽에서 동쪽으로 해류가 흐릅니다. 이렇게 동서 방향으로 흐르던 해류들은 언젠가 대륙과 만나게 되고, 대륙의 경계를 따라 남북 방향의 해류가 생기게 됩니다. 정확하게 정리하자면 해류의 원인은 바람과 수륙 분포입니다.

해류들은 저마다 이름이 있습니다. 러버덕 화물선 사고가 났던 북태평양을 기준으로 해류의 이름을 살펴보려고 합니다. 무역풍의 영향으로 동쪽에서 서쪽으로 흐르는 해류는 적도를 기준으로 북쪽에 있기 때문에 '북적도 해류'라고 합니다. 북적도 해류가 서쪽으로 흐르다가 대륙을 만나면 대륙의 경계를 따라 남쪽에서 북쪽으로 흐르는 해류가 생기고 이를 '쿠로시오 해류'라고 합니다. 쿠로시오 해류는 우리나라 주변 해류의 근원이 되기도 합니다. 쿠로시오 해류는 '북태평양 해류'와 연결됩니다.

북태평양 해류는 편서풍의 영향으로 형성된 서쪽에서 동쪽으로 흐르는 해류입니다. 북태평양 해류도 동쪽으로 흐르다 보면 대륙을 만나게 되겠지요? 북아메리카 대륙의 경계를 따라 북쪽에서 남쪽으로 흐르는 해류가 생기는데 이를 '캘리포니아 해류'라고 합니다.

북태평양에 북적도 해류 → 쿠로시오 해류 → 북태평양 해류 →

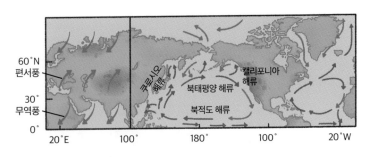

북태평양 아열대 순환을 나타낸 지도

캘리포니아 해류로 연결되는 시계 방향의 순환이 생기는 것이죠. 이를 북태평양 아열대 순환(122쪽 지도 참고)이라고 합니다.

북태평양뿐만 아니라 북대서양, 남태평양, 남대서양, 인도양에서도 아열대 순환이 나타납니다.

지구도
혈액 순환을 한다

· 심층 해류 ·

세계에서 가장 큰 섬 그린란드는 이름처럼 초록의 땅이 아니다.
빙하로 덮여 있는 그린란드는 바닷물이 가라앉는 대표적인 장소 중 하나다.

바다 속에는 눈에 보이지 않는 거대한 컨베이어 벨트가 있다는 사실, 알고 있나요? 이 컨베이어 벨트는 전 세계 바닷물을 끊임없이 순환시키며 지구의 기후를 조절하고 있습니다. 바닷물이 흐르지 않는다면 지구의 기후는 심각하게 불균형해지고, 우리의 일상도 크게 달라질 것입니다. 이 거대한 순환의 이름은 바로 '해양 컨베이어 벨트'입니다.

해수의 흐름은 표층에만 한정되지 않습니다. 해류는 깊이에 따라 표층 해류와 심층 해류로 나뉘며, 이 두 해류가 연결되어 이루는 해수 순환은 마치 사람의 혈액순환과 같습니다. 해류의 순환(122쪽 참고)에서 살펴본 해류는 표층 해류이고, 여기서는 심층 해류를 이야기해 보려 합니다.

표층 해류의 원인이 바람과 수륙 분포라면, 심층 해류는 해수의 밀도 차이로 인해 발생합니다. 해수의 밀도는 수온이 낮고 염분이 높을수록 증가합니다. 고위도 지역은 태양 복사 에너지가 적게 들어와 해수의 수온이 낮아집니다. 또, 해수가 얼 때는 순수한 물만 얼기 때문에 남은 해수의 염분이 높아집니다. 이로 인해 밀도가 높아진 해수는 표층에서 심층으로 침강하며 심층 해류를 형성합니다.

침강이 일어나는 대표적인 장소는 그린란드와 남극 주변의 웨델해입니다. 그린란드 해역에서 침강한 해수는 남쪽으로 흘러 북대서양 심층수가 되고, 웨델해에서 침강한 해수는 북쪽으로 흘러

남극 저층수가 됩니다. 이 두 해류는 대서양 심층 순환의 핵심을 이루며, 단순히 지역적인 현상이 아니라 전 지구적인 해양 순환과 기후 시스템에 중요한 역할을 합니다.

심층 해류와 표층 해류는 서로 연결되어 저위도와 고위도 간 에너지를 수송합니다. 저위도는 태양 복사 에너지가 풍부해 에너지가 남아돌지만, 고위도는 태양 복사 에너지가 부족하여 에너지가 필요합니다. 해류는 이 잉여 에너지를 고위도로 수송하며 지구의 에너지 균형을 유지합니다.

이 흐름이 끊긴다면 어떤 일이 벌어질까요? 저위도 지역은 점점 더 뜨거워지고, 고위도 지역은 더 추워지며, 전 세계 기후가 극단적으로 변하게 됩니다. 마치 사람이 혈액순환이 멈추면 생명을 유지할 수 없는 것처럼, 지구도 해양 순환이 끊기면 건강한 에너지

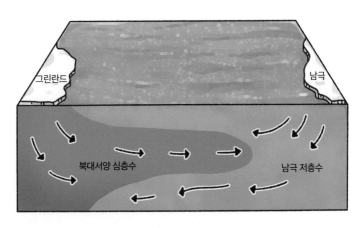

대서양의 심층 순환

균형을 유지할 수 없습니다. 결국 해류 순환이 멈추면 일부 지역에서는 폭염과 한파가 극단적으로 나타나고, 해양 생태계에도 큰 변화가 생길 것입니다.

이러한 이유로 과학자들은 해양 컨베이어 벨트의 변화를 지속적으로 관측하며, 기후 변화와의 연관성을 연구하고 있습니다.

한반도보다 7배 큰
흉물스런 섬의 정체

· 해양 쓰레기 ·

북태평양에는 해류를 따라 모여 형성된 거대한 플라스틱 쓰레기 섬이 있다.

1997년, 미국의 한 요트 대회에 참가한 항해사 찰스 무어는 항해 중 예상치 못한 발견을 하게 됩니다. 태평양을 횡단하다 바다의 흐름이 느려지는 이상한 지점에 도달한 그는 지도에 없는 거대한 섬을 목격했습니다. 면적이 한반도의 7배에 달하는 섬의 정체는 쓰레기 더미였습니다. 북태평양 한가운데에 형성된 이 섬은 태평양 거대 쓰레기 지대(Great Pacific Garbage Patch, GPGP)로 불립니다.

찰스 무어가 발견한 태평양 거대 쓰레기 지대는 북태평양 아열대 순환의 중심에 위치합니다. 순환의 가장자리는 해수가 빠르게 움직이지만, 중심부는 해수가 정체되어 있습니다. 그 결과 물에 떠서 해류를 타고 이동하던 쓰레기들이 순환의 중심부에 모여 섬을 형성한 것입니다.

쓰레기 섬은 태평양뿐 아니라 다른 대양에서도 발견되고 있습니다. 이곳에서 발견되는 쓰레기의 약 90%는 플라스틱으로, 한국어가 적힌 플라스틱 통도 발견되었습니다. 주변 생물들은 작은 플라스틱 조각을 먹이로 착각합니다. 플라스틱을 먹고 배부름을 느껴 진짜 먹이를 먹지 않아 영양실조에 걸리기도 합니다. 또한, 플라스틱을 먹은 물고기가 우리의 식탁에 올라와 사람의 몸에도 플라스틱이 들어올 수 있습니다.

매년 수억 톤의 플라스틱이 생산되지만 그중 재활용되는 비율은 10%도 되지 않습니다. 나머지 90% 이상의 플라스틱은 자연에 남아 수백 년 동안 분해되지 않으며, 그 사이에 생태계를 위협하고 인간의 건강에도 악영향을 미칩니다.

동해를 황금 어장이라 부르는 이유

· 한반도 주변의 해류 ·

한류와 난류가 만나는 동해는 황금 어장으로 불린다.
사진은 동해의 황금 어장으로 불리는 독도이다.

동해에서는 한류성 어종인 대구와 난류성 어종인 오징어가 함께 잡힌다는 사실, 알고 있나요? 이 어종들은 서로 다른 수온을 선호하기 때문에 보통은 같은 해역에서 만나기 어렵습니다. 그런데 동해에서는 한류와 난류가 만나는 경계인 '조경 수역' 덕분에 이들이 함께 발견됩니다. 바로 이 조경 수역이 동해를 황금 어장으로 만듭니다.

우리나라는 삼면이 바다로 둘러싸여 있어 풍부한 어장을 가지고 있고 어획량도 많습니다. 특히 동해는 서해와 남해에 비해 다양한 어종이 잡히는 곳으로 유명합니다. 조경 수역은 한류와 난류가 만나 생기는 해역으로, 이 지역에서는 차가운 바다를 좋아하는 한류성 어종과 따뜻한 바다를 선호하는 난류성 어종이 모두 서식할 수 있습니다.

난류는 저위도의 따뜻한 해수가 고위도로 흐르는 해류이며, 한

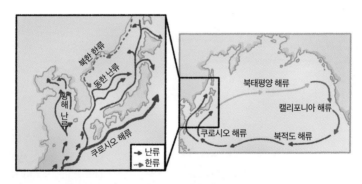

우리나라 주변의 해류

류는 고위도의 차가운 해수가 저위도로 흐르는 해류입니다. 우리나라 주변에서는 난류인 쿠로시오 해류가 서해(황해)와 동해로 갈라져 흐르며, 서해에서의 흐름은 황해 난류, 동해에서의 흐름은 동한 난류로 불립니다. 반면, 고위도에서 내려오는 한류는 북한 한류로, 동해안을 따라 남쪽으로 흐릅니다. 동해의 조경 수역은 바로 이 동한 난류와 북한 한류가 만나는 곳에서 형성됩니다.

조경 수역은 해양 생태계에 매우 중요한 역할을 합니다. 이 지역은 용존 산소량이 풍부하고 플랑크톤이 많아 다양한 어종에게 이상적인 서식 환경을 제공합니다. 그 결과로 동해는 한류성 어종과 난류성 어종이 공존하는 독특한 해역이 되었고, 어부들에게는 오랜 시간 동안 소중한 황금 어장이 되어 왔습니다.

바닷물은 왜 마시면
안 될까?

· 염분 ·

바닷물을 마시면 높은 염분 때문에 탈수 증상이 나타난다.
물고기들은 아가미를 이용해 염분을 조절하기에 탈수 증상을 겪지 않는다.

3월 22일은 세계 물의 날입니다. 물 부족 문제의 심각성을 알리기 위해 지정된 날이죠. 그런데 문득 이런 의문이 듭니다. '바다에 물이 이렇게 많은데, 바닷물을 마시면 되지 않을까?' 아쉽지만, 바닷물은 마실 수 없습니다. 바닷물은 우리가 평소 마시는 물과 달리 짠맛이 나기 때문입니다.

세포막을 경계로 농도가 다른 두 용액이 있을 때, 저농도 용액에서 고농도 용액 쪽으로 물이 이동하는 현상을 '삼투'라고 합니다. 사람 세포 내부의 물은 바닷물보다 농도가 낮기 때문에, 바닷물을 마시면 삼투 작용으로 세포 내부의 물이 세포 밖으로 빠져나갑니다. 따라서 바닷물을 마시면 갈증이 해소되기는커녕 체내 수분이 빠져나가 탈수 증상이 나타납니다.

그렇다면 바다에 사는 물고기는 어떻게 탈수 증상 없이 바닷물을 먹으며 살 수 있을까요? 물고기의 아가미에 있는 특별한 세포 때문입니다. 아가미에 있는 염류 세포는 필요한 정도의 염류만 흡

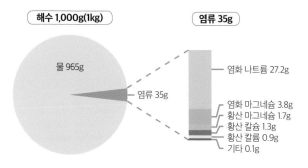

해수 1kg 속 염류의 구성

수하고 나머지는 몸 밖으로 배출할 수 있게 해 줍니다.

염류란 바닷물에 녹아 있는 물질로, 바닷물에서 짠맛이나 쓴맛이 나는 원인이기도 합니다. 염류는 암석을 이루는 물질이 강물이나 빗물에 녹아 바다로 흘러가거나 해저 화산 활동이 일어날 때 공급됩니다. 염류에는 흔히 소금으로 알려진 염화 나트륨 외에도 염화 마그네슘, 황산 마그네슘, 황산 칼슘 등이 있습니다.

염분이란 바닷물 1kg에 녹아 있는 염류의 총량을 g수로 나타낸 것으로, 쉽게 말해 바닷물의 짠 정도입니다. 전 세계 바다의 평균 염분은 35psu(practical salinity unit)인데, 이는 바닷물 1kg에 염류 35g이 녹아 있음을 의미합니다.

가장 짠 바다와
가장 싱거운 바다는 어딜까?

· 염분의 변화 ·

바다의 염분은 강수량, 증발량, 담수 유입에 따라 크게 달라진다.
사진은 사람이 물에 떠서 책을 읽을 정도로 염분이 높은 사해의 모습이다.

바다마다 짠맛이 다르다는 사실, 알고 계셨나요? 세계 평균 염분은 약 35psu지만, 바다마다 염분의 차이는 상당히 큽니다. 가장 염분이 낮은 발트해는 염분이 7psu에 불과하며, 가장 염분이 높은 사해는 무려 200psu를 넘습니다. 사해는 높은 염분 덕분에 사람이 물에 떠서 책을 읽을 수 있을 정도입니다. 왜 바다마다 염분이 이렇게 다를까요?

해수의 표층 염분은 강수량과 증발량의 영향을 크게 받습니다. 강수는 바다에 물을 더해 염분을 낮춥니다. 마치 국물 요리를 할 때 물을 많이 넣을수록 음식이 싱거워지는 것과 같은 원리입니다.

증발은 물이 빠져나가는 현상으로, 염분을 높입니다. 사해의 염분이 매우 높은 이유도 이 지역이 건조하고 더워서 증발이 활발하게 일어나기 때문입니다. 사하라 사막을 비롯한 주요 사막들이 위치한 위도 30° 부근 아열대 고압대는 증발이 활발한 곳으로, 이곳에서는 증발량이 강수량보다 많아 표층 염분이 높습니다.

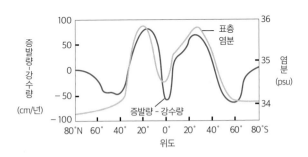

위도별 '증발량-강수량'과 표층 염분 분포

표층 염분은 담수의 유입에도 영향을 받습니다. 담수란 하천수나 빙하처럼 염분이 없는 물을 의미합니다. 하천수가 유입되는 연안 지역은 바다 한가운데보다 염분이 낮습니다. 발트해의 염분이 낮은 이유도 하천수의 유입이 많기 때문입니다.

우리나라 서해 역시 한국과 중국의 하천수가 흘러들어오는 곳으로 동해나 남해에 비해 염분이 낮습니다. 또한, 극지방 해역은 빙하가 녹으면서 유입되는 담수로 인해 염분이 낮아지기도 합니다.

지구에도
'콩팥'이 있다?

· 갯벌 ·

갯벌은 조석에 의해 형성되며, 다양한 생물이 서식하는 생태적 요충지이다.
자연 정화 기능과 재해 완충 역할을 하며 인간의 삶에도 큰 영향을 미친다.

갯벌은 '지구의 콩팥'이라고 불립니다. 인간의 콩팥이 몸속 노폐물을 걸러내는 것처럼, 갯벌 역시 바다와 육지 사이에서 각종 오염 물질을 흡수하고 정화하는 필터 역할을 합니다.

갯벌의 진흙 사이에 오염 물질이 달라붙으면서 이루어지는 물리적 정화뿐만 아니라, 갯벌에 사는 생물들이 오염 물질을 흡수하거나 분해하면서 생물학적 정화도 이루어집니다. 갯벌을 통과하면 오염되었던 물도 깨끗한 물이 되어 바다로 흘러가게 되는 것이죠.

갯벌이 어떻게 만들어지는지 설명하기 전에 용어 정리부터 하려고 합니다. '밀물과 썰물', '만조와 간조', '사리와 조금' 모두 갯벌과 관련된 용어입니다.

밀물은 바닷물이 육지 쪽으로 들어오는 현상, 썰물은 바닷물이 바다 쪽으로 빠져나가는 현상을 말합니다. 밀물이 들어올 때는 해수면이 점점 높아지는데, 해수면이 가장 높아졌을 때를 '만조'라고

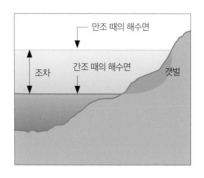

만조와 간조

합니다. 반대로 썰물로 해수면이 가장 낮아졌을 때를 '간조'라고
합니다.

보통 우리나라 해안에서는 하루에 만조와 간조가 두 번씩 나타
납니다. 이처럼 주기적으로 해수면이 높아졌다 낮아지는 현상을
'조석'이라고 합니다. 또 만조와 간조의 해수면 높이 차이를 '조차'
라고 하는데, 같은 바다더라도 조차는 시기에 따라 달라집니다.
조차가 가장 크게 나타나는 시기를 '사리', 가장 작게 나타나는 시
기를 '조금'이라고 합니다.

갯벌은 조석으로 인해 해수면이 오르락내리락하면서 만들어집
니다. 만조일 때는 바닷물 속에 잠겨 있던 땅이 간조일 때는 갯벌
의 형태로 물 밖으로 드러나는 것입니다.

바닷물이 빠져나가고 갯벌이 펼쳐지면 숨어 있던 게, 조개, 지
렁이들이 하나둘 모습을 드러냅니다. 갯벌은 철새들에게 휴게소
이기도 합니다. 철새들은 장거리 이동 중에 갯벌에 들러 먹이를
먹고 휴식을 취하며 에너지를 얻습니다.

갯벌은 단순한 진흙 땅이 아니라 다양한 생물들의 서식지입니
다. 작은 갑각류부터 미생물까지 수많은 생명체가 갯벌에서 살아
가며 생태계를 유지합니다.

또한, 갯벌은 자연재해를 완화하는 역할도 합니다. 태풍이나 해
일이 발생했을 때 갯벌이 완충 역할을 하여 내륙으로 밀려오는 해
수를 줄여 줍니다.

갯벌이 감소하면 바다 생태계뿐만 아니라 인간에게도 큰 영향을 미칩니다. 갯벌은 수산업과도 밀접한 관련이 있어 많은 지역에서 경제적인 가치를 지니고 있습니다. 갯벌에서 서식하는 조개류와 게, 낙지 등은 어업의 중요한 자원이 되며, 갯벌 체험 관광도 지역 경제 활성화에 기여합니다.

그러나 최근 갯벌이 매립되거나 오염되면서 그 면적이 점차 줄어들고 있습니다. 산업 개발과 도시 확장으로 갯벌이 사라지면서 해양 생물의 서식지가 줄어들고 오염 물질을 정화하는 능력도 약해지고 있습니다. 이러한 문제를 해결하기 위해 갯벌 보호구역을 지정하고, 갯벌 복원 사업이 진행되고 있습니다.

갯벌은 단순한 진흙 땅이 아니라 생명과 환경을 지켜주는 소중한 공간입니다. 지속 가능한 개발과 보전이 이루어진다면 갯벌은 앞으로도 우리에게 깨끗한 환경과 풍부한 생태계를 제공할 것입니다. 갯벌은 매립의 대상이 아닌, 생태계가 살아 숨 쉬는 땅이자 지구의 콩팥입니다.

이순신 장군이 13척의 배로
왜군을 격파한 전략

· 조류 발전과 조력 발전 ·

이순신 장군은 조류가 빠른 울돌목의 특징을 활용해 명량 해전에서 승리했다.
사진은 한국항공우주연구원에서 촬영한 진도 울돌목의 모습이다.

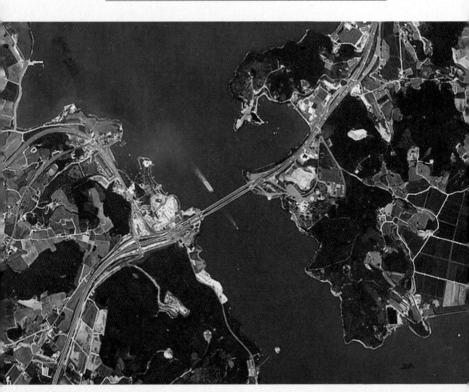

전기는 어떻게 만들어질까요? 대부분의 전기는 화석 연료를 이용한 화력 발전으로 만들어지지만, 조석(142쪽 참고)으로도 전기를 만들 수 있습니다. 조석으로 전기를 만드는 방법은 밀물과 썰물의 흐름을 이용한 '조류 발전'과 만조와 간조의 높이 차이를 이용한 '조력 발전'으로 나뉩니다.

우리나라 전라남도 진도에는 울돌목 조류 발전소가 있습니다. 울돌목은 이순신 장군이 명량 대첩에서 승리를 거둔 장소이기도 합니다. 사실 울돌목 조류 발전소와 명량 대첩은 깊은 연관이 있습니다.

울돌목은 밀물과 썰물로 인해 조류가 매우 강하게 흐르는 곳인데, 이순신 장군은 이를 전략적으로 활용했습니다. 왜군을 조류가 빠른 울돌목으로 유인하여 배를 제어하기 어렵게 만든 것이지요.

명량 대첩의 승리를 이끈 울돌목의 조류는 오늘날 전기를 생산하는 데 활용되고 있습니다. 울돌목 바닷속에 설치된 바람개비 모양의 터빈은 조류의 흐름에 의해 회전하며, 이때 발생한 운동 에너지가 전기로 변환됩니다.

한편, 경기도 안산시에는 세계 최대 규모의 조력 발전소인 시화호 조력 발전소가 있습니다. 발전소의 규모가 큰 만큼 발전소 전망대도 마련되어 있는데, 엘리베이터를 타고 전망대에 오르면 한쪽에서는 서해의 탁 트인 풍경을, 다른 한쪽에서는 시화호의 전경을 감상할 수 있습니다.

시화호는 원래 바다였지만 조력 발전을 위해 제방이 설치되면서 바다와 분리된 인공 호수가 되었습니다. 이전에는 물이 드나드는 갯벌이었을 것으로 보입니다.

조력 발전은 조류 발전과는 다른 원리로 작동합니다. 서해와 시화호 사이에는 물의 흐름을 조절하기 위한 수문이 있습니다. 밀물일 때 수문을 닫으면 호수의 해수면은 그대로지만, 바다 쪽 해수면은 점점 높아지겠지요. 그러다 적절한 수위 차가 생겼을 때 수

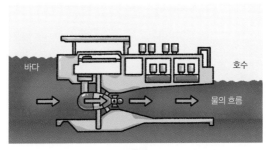

밀물 때

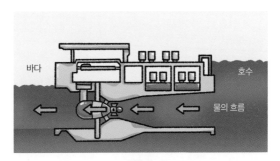

썰물 때

조력 발전의 원리

문을 열면 바닷물이 호수로 흘러들어가고, 바닷속 터빈이 돌아가며 전기를 생산하게 되는 원리입니다.

전쟁이 남긴
해저 지형

· 해저 지형 ·

지도는 전 세계의 해저 지형을 나타낸 것이다.
바다에서 볼록하게 튀어나온 것처럼 보이는 부분이 해령이다.

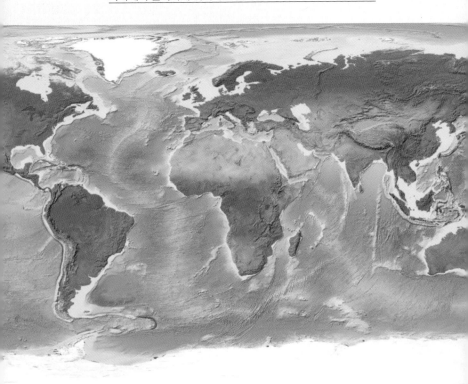

전쟁이 남긴 해저 지형이라니, 어떤 이야기일까요? 아마 전쟁으로 인해 변형되고 파괴된 해저 지형을 떠올렸을지도 모릅니다. 그러나 여기서 하려는 이야기는 전쟁으로 인해 발견된 해저 지형에 관한 이야기입니다.

제2차 세계 대전 당시, 바닷속 잠수함의 위치를 탐지하기 위해 음파를 이용한 수중 탐사 기술이 발달했습니다. '음파 탐사 기술'이란 음파가 반사되어 되돌아오는 시간과 음파의 속력을 이용하여 음파의 이동 거리를 구하는 것입니다.

과학 기술 발달의 계기가 전쟁이라는 점은 슬프지만, 전쟁이 끝난 뒤 이 기술 덕분에 활발한 해양 탐사가 이루어진 것은 사실입니다. 그중 대표적인 예가 바로 '음향 측심법'을 이용한 해저 지형 탐사입니다.

음향 측심법은 '거리 = 속력 × 시간' 공식을 이용한 기술입니다.

발사된 음파
반사된 음파

음향 측심법

탐사선에서 해저를 향해 음파를 발사하면 음파는 해저면에 반사되어 되돌아옵니다. 이때 음파가 출발할 때부터 되돌아올 때까지 걸린 시간을 측정합니다. 이 시간 동안 음파는 해저까지 한번, 해수면을 향해 다시 한번 이동하므로 수심의 두 배 거리를 이동하게 됩니다.

수심을 d, 음파의 속력을 v, 걸린 시간을 t라고 하면, 음파가 이동한 거리는 '$2d = v \times t$'로 나타낼 수 있습니다. 즉, 반사되어 되돌아오는 데 걸린 시간(t)이 길수록 수심(d)이 깊은 것입니다.

과거 사람들은 해저가 평평할 것이라고 믿었습니다. 우리가 눈으로 볼 수 있는 대륙에는 솟아오른 산맥도 있고 움푹 들어간 골짜기도 있지만, 바닷물에 가려진 해저는 다를 거라고 생각한 것이죠. 이 생각은 음향 측심법의 등장으로 깨졌습니다.

음향 측심법을 알게 된 과학자들은 탐사선의 위치를 바꿔가며 바다 이곳저곳의 수심을 구하여 가려져 있던 해저 지형의 지도를 완성했습니다. 그 결과 해저에는 주변보다 높이 솟은 해저 산맥인 '해령'도 있고, 깊은 골짜기 지형인 '해구'도 있음을 알게 되었습니다. 해령과 해구는 판의 경계에서 나타나는 해저 지형으로 해저 지진이 활발하게 발생하는 장소이기도 합니다.

63빌딩 40개를 세워도
닿지 않는 깊이

· 마리아나 해구 ·

마리아나 해구는 지구에서 가장 깊은 바다이다.
극한 환경에서도 다양한 생물이 서식해 과학 연구의 중요한 단서를 제공한다.

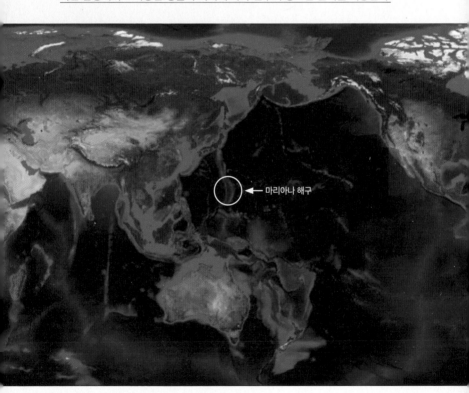

지구에서 가장 높은 산은 약 8,848m의 에베레스트산입니다. 한반도에서 가장 높은 백두산보다 세 배 이상 높은 산입니다. 그렇다면 지구에서 가장 깊은 바다는 어디일까요? 필리핀 동쪽에 있는 마리아나 해구입니다. 마리아나 해구의 수심은 약 11,000m 가 넘으니 그 깊이는 에베레스트산을 뒤집어 넣고도 남습니다.

영화 〈타이타닉〉과 〈아바타〉의 감독으로 유명한 제임스 카메론은 마리아나 해구에 다녀온 몇 안 되는 사람 중 하나입니다. 영화만큼이나 해양 탐사에 관심이 많은 그는 특수 잠수함을 제작하여 마리아나 해구의 가장 깊은 지점인 챌린저 딥까지 다녀왔습니다.

그곳에서 촬영한 영상과 사진에는 이전에는 지구상에서 한 번도 발견된 적 없는 신비로운 생물들이 담겨 있습니다. 탐사 후

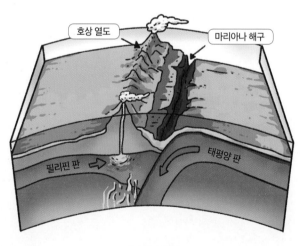

마리아나 해구

그는 그곳을 외롭고 적막한 공간이라고 표현했습니다. 수심이 2,000m만 넘어도 강력한 수압이 모든 것을 짓누르는 어둡고 차가운 심해가 펼쳐지는데 약 11,000m가 넘는 마리아나 해구는 어떨지 상상조차 하기 어렵습니다.

지도에서 마리아나 해구를 찾아 보면 우리나라와 꽤 가까운 곳에 있습니다. 북태평양 서쪽에 있는 마리아나 해구는 판구조론 관점에서 보면 필리핀판과 태평양판의 경계입니다. 두 판이 가까워지면서 밀도가 큰 태평양판이 밀도가 작은 필리핀판 아래로 섭입하고 있으며, 이 과정에서 만들어진 깊은 골짜기가 바로 마리아나 해구입니다.

이곳은 판의 경계이다 보니 지진과 화산 활동이 활발합니다. 또, 필리핀판에는 화산 활동으로 형성된 '호상 열도'가 발달해 있습니다. 호상 열도란 화산 활동으로 만들어진 섬들이 호 모양으로 줄지어 분포하는 것으로, 섭입형 경계에서 특징적으로 나타나는 지형입니다. 휴양지로 잘 알려진 괌과 사이판도 마리아나 해구 근처 호상 열도를 이루는 섬들 중 하나입니다.

마리아나 해구는 극한의 환경에도 불구하고 다양한 생물들이 서식하는 곳입니다. 수압은 해수면의 약 1,000배에 이르지만, 심해에 적응한 해양 생물들은 극한 환경에서도 살아가고 있습니다. 대표적인 생물로는 투명한 몸을 가진 심해 해파리, 긴 촉수를 뻗어 먹이를 기다리는 심해 불가사리, 그리고 극압에서도 견딜 수 있도록 지방층이 발달한 심해어 등이 있습니다.

　마리아나 해구는 아직도 많은 부분이 미지의 세계로 남아 있으며, 과학자들은 새로운 기술을 이용해 지속적으로 탐사하고 있습니다. 앞으로 더 많은 연구가 이루어진다면 인류가 알지 못했던 심해의 신비가 하나둘씩 밝혀질 것입니다.

크리스마스 무렵 찾아오는
'아기 예수'의 영향

· 엘니뇨와 라니냐 ·

사진은 3년 연속으로 라니냐가 발생한 2022년 9월의 바다 온도를 나타낸 것이다.

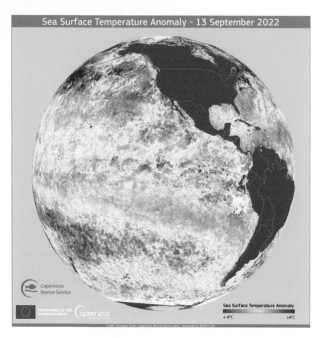

출처: 유럽연합, Copernicus 해양환경 모니터링 서비스 데이터

어느 날, 평소처럼 물고기를 잡으러 페루 앞바다로 나간 어부들은 집단 폐사하여 해안에 널브러져 있는 정어리 떼를 발견합니다. 도대체 무슨 일이 있었던 걸까요?

페루 앞바다는 풍부한 어획량으로 유명합니다. 특히 정어리가 많이 잡히는 지역으로, 그물을 던지면 정어리가 가득 차 넘칠 정도입니다. 이렇게 좋은 어장이 될 수 있었던 이유는 바로 '용승' 때문입니다.

용승이란 해수가 심층에서 표층으로 올라오는 현상으로, 이때 영양염류가 풍부한 심층수가 표층으로 유입되어 플랑크톤이 증가합니다. 플랑크톤은 물고기들의 식량이므로 결과적으로 좋은 어장이 형성됩니다.

또한, 차가운 심층수가 올라오면서 표층 수온이 낮아지게 되는데, 페루 연안이 적도 부근에 위치함에도 불구하고 같은 위도의 다른 해역보다 수온이 낮은 이유가 이 때문입니다.

그렇다면 정어리 떼는 왜 한꺼번에 폐사한 것일까요? 죽음의 원인은 다름 아닌 페루 앞바다의 수온 상승이었습니다. 평소보다 따뜻해진 페루 앞바다는 정어리가 선호하는 수온 범위를 벗어났고 그 결과 많은 정어리가 죽은 것입니다.

이 현상이 보통 크리스마스 전후로 나타났기 때문에, 스페인어로 '남자아이, 아기 예수'를 뜻하는 '엘니뇨'라고 부르게 되었습니다. 반대로 페루 앞바다의 수온이 평소보다 낮아지는 현상은 '여자아이'를 뜻하는 '라니냐'라고 부릅니다.

정리하자면 엘니뇨는 페루 앞바다가 위치한 동태평양의 수온이 평상시보다 높은 상태로 수개월 지속되는 현상이고, 라니냐는 동태평양의 수온이 평상시보다 낮은 상태로 수개월 지속되는 현상입니다. 열대 태평양에서 엘니뇨와 라니냐는 불규칙한 시간 간격으로 발생하며 기상 이변을 일으킵니다.

바다의 변화가 만든
기후의 도미노

· 엘니뇨와 기상 이변 ·

엘니뇨와 라니냐에 의한 기상 이변은 열대 태평양에만 국한되지 않는다.
파동의 형태로 퍼져 나가 한반도의 폭염과 한파의 원인이 되기도 한다.

나비 효과란 작은 변화가 큰 결과를 가져온다는 의미입니다. 엘니뇨는 동태평양의 수온 변화 현상이지만 수온 변화는 기압 변화로 이어지고, 결과적으로 폭염, 한파, 가뭄, 폭우 등등 다양한 기상 이변을 일으킵니다.

기상 이변은 홍수, 산사태, 산불과 같은 재해를 유발할 뿐만 아니라, 인명 피해나 경제적 손실과 같은 사회·경제적 문제로도 이어집니다. 모두 엘니뇨에서 시작한 나비 효과입니다.

엘니뇨를 이해하기 위해 먼저 평상시 열대 태평양의 모습부터 살펴보겠습니다. 이제부터 페루 앞바다는 동태평양, 호주와 인도네시아 근처 해역은 서태평양이라고 하겠습니다.

평상시 이곳에는 동쪽에서 서쪽으로 무역풍이 붑니다. 이 무역풍에 의해 동쪽에서 서쪽으로 흐르는 표층 해류가 생깁니다. 이 해류로 인해 적도 부근의 따뜻한 해수가 서태평양에 쌓이게 됩니

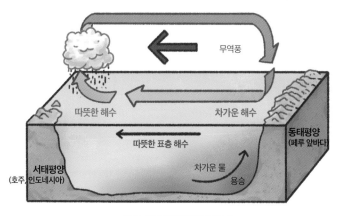

열대 태평양의 평상시 모습

다. 그 결과 서태평양의 수온이 높아지고, 해수면 위의 공기도 따뜻해져 상승하게 됩니다.

이 상승 기류는 구름을 만들고 비를 내리게 합니다. 동시에 동태평양은 용승으로 인해 상대적으로 수온이 낮고 공기도 차가워집니다. 이 차가운 공기가 하강하게 되면서, 강수량이 적고 건조한 지역이 형성됩니다.

엘니뇨와 라니냐는 위에서 말한 평상시의 패턴이 변하는 현상입니다. 엘니뇨는 무역풍이 약화하면서 발생합니다. 무역풍이 약해지면 서쪽으로 흐르는 해류와 동태평양의 용승도 약화됩니다. 그 결과 서태평양은 평상시보다 수온과 기온이 낮아집니다.

이로 인해 하강 기류가 발생하고 건조한 날씨가 이어져 가뭄이 일어납니다. 또한, 동태평양은 평상시보다 수온이 높아져 어획량이 감소하고, 많은 비가 내려 홍수가 발생합니다.

반대로 라니냐는 무역풍이 강해져 평상시 모습이 강화되는 현상입니다. 라니냐는 서태평양의 강수량을 더 늘려 홍수를 발생시키고, 동태평양을 더 건조하게 하여 가뭄을 일으킵니다.

엘니뇨와 라니냐에 의한 기상 이변은 열대 태평양에만 국한되는 것이 아닙니다. 열대 태평양에서 시작된 변화는 파동의 형태로 다른 지역까지 퍼져서 전 지구적으로 영향을 줍니다. 한반도의 폭염과 한파의 원인으로 엘니뇨와 라니냐가 언급되는 것도 이 때문입니다.

이처럼 어떤 지점의 현상이 대기의 흐름을 통해 지리적으로 멀리 떨어진 곳에도 영향을 미치는 것을 '원격상관'이라고 합니다.

4

CHAPTER

지구를 넘어 더 넓은 세상으로 나아가기

- 우주 -

명왕성은 왜
행성이 아닐까?

· 태양계 ·

태양계의 행성들은 물리적 특성에 따라 지구형과 목성형으로 구분된다.
한때 행성이었던 명왕성은 2006년에 왜소행성으로 재분류되었다.

태양은 태양계의 중심이자 태양계 질량의 99.8%를 차지하는 항성(별)입니다. 항성은 스스로 빛을 내는 천체로, 스스로 빛을 내지 못하는 주변 행성에게 빛과 에너지를 공급합니다. 따라서 '수금지화목토천해'에게 태양은 없어서는 안되는 에너지 공급원입니다.

'수금지화목토천해'는 태양 주위를 공전하는 여덟 개 행성 이름의 앞글자를 딴 말입니다. 이들은 물리적 특성에 따라 지구형 행성과 목성형 행성으로 나뉩니다. 수성, 금성, 지구, 화성은 크기가 작고 표면이 단단한 암석으로 이루어져 있어 '지구형 행성'이라고 합니다. 목성, 토성, 천왕성, 해왕성은 크기가 크고 주로 수소와 헬륨으로 이루어진 두꺼운 대기를 가지고 있어 '목성형 행성'이라고 불립니다.

이 중 목성은 태양계에서 가장 큰 행성으로, 목성 대기의 거대한 소용돌이인 대적점의 크기가 지구보다도 큽니다. 또, 목성형 행성은 지구형 행성에는 없는 고리가 있으며, 가지고 있는 위성의 수도 지구형 행성보다 훨씬 많습니다.

'태양계 행성은 수금지화목토천해명 아닌가'라며 고개를 갸우뚱하는 사람도 있을 것입니다. 마지막 명왕성은 한때 행성이었지만 2006년에 행성 자격을 잃고 지금은 왜소행성으로 분류됩니다.

국제천문연맹(IAU)은 회의 끝에 행성의 조건에 '행성이 지나가는 길목에 행성의 공전을 막는 방해물이 없어야 한다'를 추가하였습니다. 명왕성은 구 모양을 가지고 태양 주위를 공전하는 모습이 마치 행성처럼 보이지만, 자신의 공전 궤도에서 지배적인 역할을 하지 못합니다. 궤도를 깨끗하게 청소하지 못하여 공전을 할 때면 작은 천체들이 앞길을 막아 이들과 계속 충돌하게 되니 행성으로서의 자격을 갖추지 못한 것이죠.

이제 '왜소행성 134340'으로 불리는 명왕성은 더 이상 행성은 아니지만 여전히 태양 주위를 돌고 있는 태양계 구성원입니다.

명왕성 주변을 끊임없이 맴도는 사람이 있다?

· 명왕성 ·

명왕성을 발견한 사람은 미국의 천문학자 클라이드 톰보이다.
그의 유해는 로켓에 실려 태양계 가장자리를 탐사하고 있다.

2006년은 명왕성이 행성 지위를 잃은 안타까운 해였지만, 1930년은 인류가 명왕성의 존재를 처음으로 알게 된 기쁨의 해였습니다. 명왕성을 최초로 발견한 사람은 미국의 천문학자 클라이드 톰보입니다.

톰보가 명왕성을 발견한 곳은 로웰 천문대였습니다. 이 천문대를 설립한 퍼시벌 로웰은 명왕성의 존재를 이론적으로 예측한 인물입니다. 그는 천왕성의 불규칙한 궤도 운동이 해왕성 너머에 또 다른 행성이 있기 때문이라고 생각하며 그 행성을 찾기 위해 노력하였습니다. 비록 로웰이 직접 명왕성을 발견하지는 못했지만, 후배인 클라이드 톰보가 그 뜻을 이어받아 마침내 명왕성을 발견한 것입니다.

명왕성의 영어 이름인 플루토(Pluto)는 그리스 신화에 나오는 저승 신의 이름입니다. 명왕성이 위치한 태양계 가장자리가 어둡고 먼 저승과 비슷하다는 생각에서 비롯되었습니다. 동시에 Pluto에는 퍼시벌 로웰의 이니셜인 'P'와 'L'이 담겨 있기도 합니다. 톰보에게 명왕성의 발견은 자신의 가장 큰 업적이자, 로웰이 꿈꾸던 평생의 과제를 대신 이룬 의미 있는 일이었습니다.

이후 클라이드 톰보는 직접 그곳에 갈 기회를 얻게 됩니다. 명왕성과 태양계 가장자리를 탐사하기 위해 만든 뉴호라이즌스호에 톰보의 유해가 담긴 작은 캡슐이 실린 것입니다.

2006년 1월에 발사된 탐사선은 9년 반이 지난 2015년 7월이 되

어서야 명왕성에 도착하였고, 그 근처를 근접 통과하며 명왕성의
모습을 사진으로 담아 지구로 전송하였습니다. 뉴호라이즌스호
는 클라이드 톰보의 유해를 실은 채 여전히 태양계 가장자리 미
지의 세계를 탐사하고 있습니다.

별은 사실
우주의 먼지였다!

· 별의 탄생과 죽음 ·

별이 죽으면서 남긴 잔여물은 별과 별 사이를 채우는 성간 물질이 된다.
이때 생긴 성간 물질은 또 다른 별을 만드는 재료로 쓰인다.

우주에는 수많은 별이 있습니다. 그리고 별과 별 사이의 공간에는 수많은 우주 먼지가 있습니다. 이 우주 먼지는 다음 세대의 별을 만드는 재료로 쓰이게 됩니다. 우리는 우주 먼지를 별과 별 사이의 공간을 채우고 있는 물질이라는 의미로 '성간 물질'이라고 부릅니다. 성간 물질은 성간 기체와 성간 티끌로 이루어져 있습니다.

성간 물질들은 우주 공간에 고르게 분포하지 않습니다. 성간 물질이 유독 많이 모여 있어 구름처럼 보이는 곳이 있으며 이를 '성운'이라고 합니다. 성운이 만들어지는 데에는 다양한 이유가 있지만 그 중 대표적인 이유가 '초신성 폭발'입니다.

초신성 폭발이란 질량이 큰 별이 죽을 때 일어나는 거대한 폭발입니다. 빗자루가 먼지를 쓸어내 모으듯이 초신성 폭발 시의 충격은 성간 물질을 한곳에 모아 성운을 만들어 냅니다. 이렇게 만들어진 성운은 아기별이 탄생하기 딱 좋은 장소입니다.

질량을 가지고 있는 모든 물체는 서로 끌어당기는 힘이 작용하며 이를 '중력'이라고 합니다. 성운 안에 있는 성간 물질들도 중력에 의해 한곳으로 모이게 됩니다. 이렇게 성운이 수축하면서 성운 중심부는 밀도와 온도가 높아지게 됩니다.

성운의 수축이 계속되어 중심부 온도가 약 1,000만K(절대온도, kelvin)에 도달하면 별의 중심부에서 수소 핵융합 반응이 일어나게 되는데, 이때부터 별은 주계열성 단계를 시작합니다. 주계열성 단계는 사람에 비유하면 일생 중 가장 활발하고 생산적인 청장년기로, 현재 태양도 주계열성 단계입니다. 별은 일생의 대부분 기간을 주계열성으로 보낸 뒤 죽음을 맞이합니다.

별은 죽으면서 자신을 구성하고 있던 물질들을 우주 공간으로 방출합니다. 별이 죽고 남긴 이 잔여물은 또다시 성간 물질이 됩니다. 이렇게 성간 물질은 별의 탄생과 죽음을 통해 우주를 돌고 도는 순환을 합니다. 성간 물질은 과거의 별이 남긴 흔적이자 미래의 별이 될 가능성이기도 한 것입니다.

태양의 최후는
어떤 모습일까?

· 백색왜성 ·

사진은 북반구의 별자리인 거문고자리에 있는 행성상 성운인 고리 성운이다.
사진의 가운데에 위치한 흰색 점이 백색왜성이다.

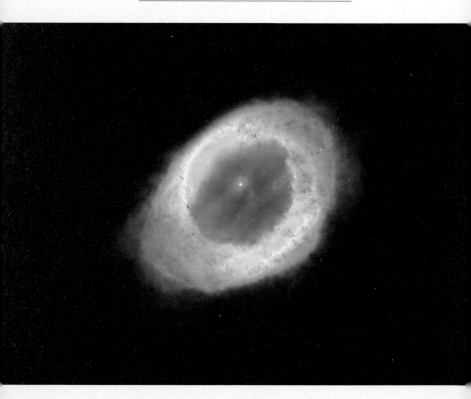

백색왜성(白色矮星). 영어로는 white dwarf, 흰색 난쟁이 별이라는 뜻입니다. 별의 색깔은 별의 표면 온도를 나타냅니다. 별은 표면 온도가 높을수록 푸른색을, 낮을수록 붉은색을 띱니다. 흰색 별은 표면 온도가 10,000K 정도로 푸를 만큼은 아니지만 꽤 높은 편입니다.

난쟁이라는 이름이 붙은 이유는 별의 크기가 작기 때문입니다. 백색왜성의 크기는 지구 정도이지만, 질량은 태양과 비슷합니다. 그만큼 작은 부피에 큰 질량이 압축되어 있어 밀도가 큰 별입니다.

사실 백색왜성은 태양의 미래라고 할 수 있습니다. 현재 태양은 주계열성 단계로, 수소를 연료로 사용하고 있습니다. 중심핵에서 수소가 헬륨으로 바뀌는 수소 핵융합 반응을 하며 에너지를 얻는 중이죠. 그러다 중심핵의 수소가 모두 고갈되면 다음 진화 단계로 넘어갑니다.

다음 단계는 '적색 거성'으로, 이름 그대로 붉은색 거대한 별입니다. 이때 태양은 '주계열성' 시절보다 표면 온도가 낮아지고, 크

주계열성   적색 거성   행성상 성운, 백색왜성

태양의 진화

기는 내행성들을 삼킬 정도로 커집니다.

적색 거성 이후 태양은 주기적으로 수축과 팽창을 반복하며 밝기가 변합니다. 그 모습이 마치 심장 박동과 비슷하여 이 단계를 맥동 변광성이라고 부릅니다. 이쯤 되면 태양은 거의 죽음에 다다른 것입니다.

별은 죽을 때 자신을 구성하고 있던 물질을 우주 공간으로 방출한다는 말을 기억하시나요? 태양 역시 외곽부 물질을 우주 공간으로 방출하며, 이를 '행성상 성운'이라고 합니다. 이때 중심부 물질은 쪼그라들어 크기가 작고 밀도가 커지는데, 이것이 바로 백색왜성이자 태양의 최후입니다.

태양의 연료로 쓰이는 수소의 양과 광도를 바탕으로 계산한 태양 수명은 약 100억 년입니다. 현재 태양의 나이가 약 50억 년이니, 앞으로 약 50억 년이 더 지나면 태양은 백색왜성이 되어 죽음을 맞이할 것입니다.

별이 보내는
소리 없는 메시지

· 스펙트럼 ·

사진은 모든 파장에 대해 연속적으로 펼쳐진 연속 스펙트럼이다.
별빛의 스펙트럼은 연속 스펙트럼을 배경으로 흡수선이 나타난다.

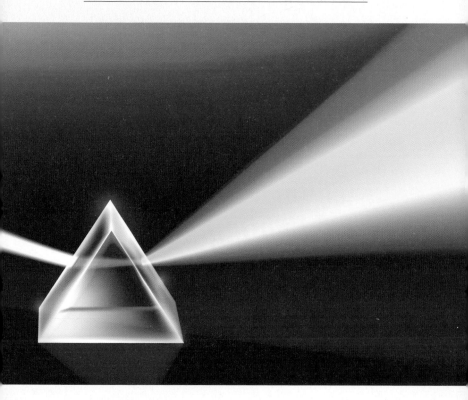

태양은 지구에서 가장 가까운 별이지만, 그 거리는 약 1억 5천만km로 결코 가까운 거리가 아닙니다. 태양 다음으로 지구에서 가까운 별인 프록시마 센타우리는 약 40조km 떨어져 있어, 그곳까지는 빛의 속도로 가더라도 4년이 넘게 걸립니다.

이처럼 별들은 지구로부터 매우 멀리 떨어져 있습니다. 그렇다면 우리는 어떻게 별에 관한 정보를 얻을 수 있을까요? 정답은 별이 보내는 메시지인 '빛'을 이용하는 것입니다. 구체적으로는 별이 보내는 빛을 분광기로 분해해 얻은 스펙트럼으로 별에 관한 정보를 알 수 있습니다.

별의 스펙트럼을 최초로 정밀하게 관측한 사람은 독일의 물리학자 요제프 폰 프라운호퍼입니다. 그는 직접 만든 분광기를 이용해 태양 스펙트럼을 관측하던 중 연속적인 무지개색을 배경으로 수백 개의 검은색 선을 발견했습니다.

이를 '흡수 스펙트럼'이라고 하며, 검은색 선은 '흡수선'이라 부릅니다. 이후 태양뿐만 아니라 다른 별에서도 흡수 스펙트럼이 나타난다는 사실이 밝혀졌습니다.

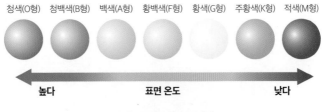

별의 표면 온도와 분광형

별빛의 스펙트럼을 분석하여 별에 대한 정보를 알아내는 것을 '분광 관측'이라고 합니다. 과학자들은 별의 분광 관측을 하며 흡수선의 종류와 세기가 별마다 다르다는 점에 주목했습니다.

오랜 연구 끝에 흡수선은 별의 표면 온도와 관계있음을 알게 되었고, 흡수선 패턴에 따라 O형, B형, A형, F형, G형, K형, M형이라는 7가지 분광형(스펙트럼형)을 정의했습니다.

O형, B형, A형, F형, G형, K형, M형은 표면 온도가 높은 별에서 낮은 별 순서입니다. O형은 표면 온도가 가장 높은 푸른색 별을, M형은 표면 온도가 가장 낮은 붉은색 별을 뜻합니다. 태양은 표면 온도가 약 6,000K인 노란색 별로, 분광형 G형에 해당합니다.

별들의 지도를
그리다

· H-R도 ·

헤르츠스프룽과 러셀은 H-R도라는 별들의 지도를 만들었다.
H-R도를 보면 우주의 대부분 별은 주계열성이다.

과학자들은 많은 데이터를 얻으면 이를 크기 순으로 배열하고 싶어 합니다. 덴마크의 천문학자 에즈나 헤르츠스프룽과 미국의 천문학자 헨리 노리스 러셀도 마찬가지였습니다.

둘은 별들을 밝기와 표면 온도 순으로 줄 세워 이를 한눈에 볼 수 있는 도표를 만들었습니다. 이 도표는 두 사람의 이름을 따 '헤르츠스프룽-러셀도(H-R도)'로 불립니다. 그런데 놀라운 점은 H-R도는 두 사람이 함께 만든 것이 아니라는 것입니다! 우연히 같은 시기에 다른 장소에서 같은 내용의 도표가 만들어진 것이죠.

모든 별은 빛을 내며 반짝이지만 그 밝기는 저마다 다릅니다. 지구에서 관측하는 별의 밝기는 거리의 영향을 받습니다. 지구와 가까울수록 밝고, 멀수록 어둡습니다. 그런데 모든 별이 같은 거

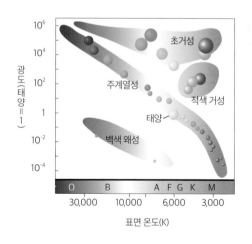

H-R도와 별의 종류

리에 있다고 해도 별의 밝기는 다를 것입니다. 별의 실제 밝기인 광도가 다르기 때문입니다.

'광도'란 별이 단위 시간 동안 별의 전 표면적을 통해 방출하는 에너지의 양을 뜻합니다. 광도는 별의 표면 온도가 높을수록, 반지름이 클수록 커집니다.

천문학자들은 지구에서 관측한 별의 밝기와 거리를 통해 별의 광도를 구했습니다. 또, 앞서 말한 분광 관측으로 별의 표면 온도를 알아냈습니다. 이렇게 얻은 광도와 표면 온도 사이의 관계를 이해하기 위해 H-R도가 탄생한 것입니다.

이 도표의 가로축은 표면 온도, 세로축은 광도입니다. 세로축은 위로 갈수록 광도가 커지며, 가로축은 일반적인 그래프와 달리 왼쪽으로 갈수록 표면 온도가 높아지는 형태입니다.

H-R도에 별들을 점으로 표시해 보니 새로운 사실을 알 수 있었습니다. 별들이 H-R도 모든 구역에 무작위로 분포하는 것이 아니라 대부분 왼쪽 위에서 오른쪽 아래로 이어지는 띠 모양 구역에 분포한다는 점이었습니다. 이 구역에 있는 별들을 주계열성이라고 부릅니다. 주계열성은 표면 온도가 높은 별일수록 광도가 큰 경향이 있는 것이죠.

일부 이 경향을 따르지 않는 별들도 존재합니다. 주계열성 오른쪽 위에는 적색 거성이 있고, 그 위에는 이보다 더 광도가 큰 초거성이 위치합니다. 또 주계열성 왼쪽 아래에는 백색 왜성이 분포합니다.

앞에서 읽었던 '태양은 현재 주계열성이지만 시간이 지나면 적색 거성이 되었다가 백색 왜성으로 최후를 맞이할 것이다'라는 내용 기억하시나요?(175쪽 참고) 태양이 진화하면서 H-R도 상에서 어떻게 위치가 달라질지 생각해 보세요. 이렇게 H-R도는 별의 종류와 진화 단계를 시각적으로 이해할 수 있는 지도 역할을 합니다.

지구에서 별까지는 얼마나 멀까?

· 세페이드 변광성 ·

별까지의 거리는 '우주의 등대'라고 불리는 세페이드 변광성을 통해 구한다.
사진은 세페이드 변광성, 즉 표준 촛불을 발견한 헨리에타 스완 리비트이다.

헨리에타 스완 리비트라는 이름을 들어본 적이 있나요? 우주의 거리를 재는 잣대인 '표준 촛불'을 발견한 천문학자이지만 리비트의 이름은 세간에 잘 알려져 있지 않습니다.

그는 이 업적으로 노벨상 후보에 올라갈 기회를 얻었지만, 안타깝게도 그가 이미 세상을 떠난 뒤 논의가 이루어졌기에 상을 받을 수 없었습니다. 살아 있는 사람에게만 수여된다는 노벨상의 규정이 리비트를 역사 속에 가려지게 만들었지요.

반면 허블이라는 천문학자는 흔히들 들어 보았을 것입니다. 에드윈 허블은 미국의 천문학자로, '은하의 후퇴 속도가 거리에 비례한다'라는 허블 법칙을 발견한 것으로 유명한 인물입니다. 또한, '허블 우주 망원경'도 그의 이름을 따 만들어진 것이지요. 그런데 사실 허블이 '허블 법칙'을 통해 우주의 팽창을 증명할 수 있었던 것도 리비트가 발견한 표준 촛불 덕분이었다는 사실을 알고 있었나요?

표준 촛불이란 '세페이드 변광성'을 말합니다. 우리가 보는 밤하늘의 별은 항상 같은 밝기로 빛나는 것 같지만, 그중에는 빛의 세기나 밝기가 시간에 따라 변하는 별들이 있습니다. 이러한 별들을 '변광성'이라고 부릅니다. 변광성 중에서도 팽창과 수축을 반복하며 일정한 주기를 가지고 밝기가 변하는 특별한 별들을 세페이드 변광성이라고 하지요.

하버드 대학교 천문대에서 근무하던 리비트는 오랜 연구 끝에 세페이드 변광성의 밝기가 변하는 주기가 길수록 그 별이 더 밝다는 사실을 발견했습니다. 이를 '세페이드 변광성의 주기-광도 관계'라고 합니다. 과학자들은 이 관계를 이용해 멀리 있는 별까지의 거리를 구할 수 있게 되었습니다.

지구에서 어떤 별까지의 거리를 구하기 위해서는 그 별의 겉보기 등급(m)과 절대 등급(M)을 알아야 합니다. 겉보기 등급은 지구에서 관측한 밝기로 정하는 등급이기에 비교적 쉽게 구할 수 있습니다.

문제는 절대 등급입니다. 절대 등급은 별이 10pc(천문학에서 사용하는 거리의 단위, 1pc은 약 30조 9,000억km이다) 거리에 있다고 가정했

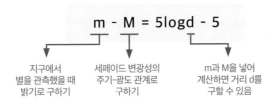

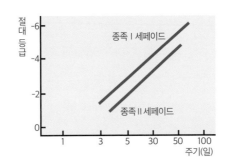

별의 거리 구하는 공식(위), 세페이드 변광성의 주기 - 광도 관계(아래)

을 때의 밝기로 정하는 등급입니다.

별을 실제로 10pc 거리로 끌고 올 수 없기에 절대 등급을 알아내는 일은 결코 쉽지 않습니다. 절대 등급을 구하려면 별이 일정 시간 동안 방출하는 에너지의 양, 즉 광도를 알아내야 합니다.

별은 광도가 클수록 절대 등급이 작아지기 때문에 광도를 알면 절대 등급도 알 수 있습니다. 평범한 별들이라면 광도를 알아내기 어렵지만, 세페이드 변광성은 특별한 특징 덕분에 광도를 쉽게 구할 수 있습니다.

세페이드 변광성을 오랜 시간 관측하면 밝기 변화의 주기를 알 수 있습니다. 이 주기를 바탕으로 리비트가 밝혀낸 주기-광도 관계를 이용하면 해당 주기에 해당하는 광도와 절대 등급을 알 수 있습니다.

세페이드 변광성은 이러한 특성 덕분에 천문학에서 거리를 측정하는 지표로 활용되며, 이 때문에 표준 촛불이라 불리는 것입니다. 이 발견 덕분에 인류는 관측할 수 있는 우주의 범위를 더욱 넓힐 수 있었습니다.

우주 쓰레기 청소부
'승리호'

· 우주 쓰레기 ·

<u>우주 쓰레기는 정지해 있지 않기 때문에 아주 작은 크기도 부딪히면 위험하다.</u>

2021년 영화 〈승리호〉가 개봉하며 독창적인 스토리로 많은 이들의 관심을 끌었습니다. 영화는 우주에서 우주 쓰레기를 수거하며 살아가는 승리호 선원들의 이야기입니다. 이들은 우주 쓰레기를 수거해 재활용하거나 판매하며 생계를 이어나는 우주 청소부입니다.

우주 쓰레기란 인간이 만들어 우주로 보낸 인공물에서 발생한 부산물을 말합니다. 수명이 다된 인공위성이나 로켓 본체뿐만 아니라 우주 쓰레기끼리 충돌로 인해 생긴 파편, 작은 나사못이나 부품도 모두 우주 쓰레기에 포함됩니다.

1957년 소련이 최초의 인공위성 스푸트니크 1호를 발사한 이후부터 우주 쓰레기는 계속 늘어나고 있습니다. 최근에는 스페이스X와 같은 민간 기업까지 우주 개발에 뛰어들면서 로켓 발사 횟수가 급증했고, 이에 따라 우주 쓰레기도 빠르게 늘어나고 있습니다. 2022년에는 약 180건의 로켓 발사가 이루어졌는데 거의 이틀에 한 번꼴로 로켓을 발사한 셈입니다.

여기에서 무서운 점은 우주 쓰레기는 가만히 정지해 있는 것이 아니라 약 7~10km/s의 속도로 지구 주위를 날아다닌다는 것입니다. 이는 총알보다 빠른 속도이기 때문에 1cm 정도의 작은 우주 쓰레기라도 우주 비행사와 부딪히면 치명적인 타격을 줄 수 있습니다.

영화 〈그래비티〉에서도 우주망원경을 수리하던 우주인이 우주 쓰레기에 부딪히면서 우주 저편으로 튕겨 나가 우주 미아가 되는 장면이 나옵니다. 빠르게 날아다니는 우주 쓰레기는 활동 중인 인공위성과 충돌하여 고장을 낼 수도 있고, 지구로 추락하여 큰 사고로 이어질 수도 있겠지요. 실제로 우주 쓰레기가 미국에 있는 한 가정집에 떨어져 지붕에 구멍이 뚫리는 일도 있었습니다.

우주 쓰레기가 늘어나다 보면 지구 주변에 우주 쓰레기가 가득 차 인류가 우주로 나가는 길이 막힐 수도 있습니다. 그래서 과학자들은 승리호 같은 청소 위성을 개발 중입니다. '위성을 청소하는 위성'이 만들어진다는 점이 흥미롭지 않나요? 아마 미래에는 우주 쓰레기 처리 산업의 규모가 커져 우주 청소부가 유망 직업이 될지도 모릅니다.

우주에 간 동물로
옳지 않은 것은?

· 우주 탐사 ·

최초로 인간이 우주 비행에 성공하기 전까지 수많은 동물이 우주로 보내졌다.
사진은 우주 비행을 위해 희생된 강아지 라이카를 기리는 우표이다.

다음 문제의 정답이 무엇일지 한번 생각해 보세요.

다음 중 우주에 간 동물이 아닌 것은 무엇일까요?

① 초파리
② 강아지
③ 고양이
④ 돼지

최초로 우주에 간 사람이 유리 가가린이라는 사실은 대부분 알고 있습니다. 그런데 1961년 가가린이 우주 비행에 성공하기 전까지 수많은 동물이 먼저 우주로 보내졌습니다. 사람이 안전하게 우주에 갈 수 있도록 길을 열어준 것이죠.

초파리는 최초로 우주에 간 생명체입니다. 1947년 미국의 V-2 로켓에 실린 초파리는 지상에서 약 109km 높이까지 날아갔습니다. 좁쌀만 한 초파리가 어떻게 우주에 가게 되었을까요? 우연히 로켓에 들어간 게 아닌가 생각할 수도 있겠지만 분명 의도적으로 캡슐 안에 담겨 우주로 보내졌습니다.

초파리는 사람과 유전자가 60% 정도 일치하기 때문에 우주 환경이 사람에게 어떤 영향을 미칠지 연구하기에 적합한 동물입니다. 초파리가 들어 있던 캡슐은 낙하산을 타고 지구로 돌아왔으며, 캡슐 안의 초파리는 무사히 살아있었습니다.

최초의 인공위성 스푸트니크 1호가 지구 궤도를 도는 것에 의미를 두었다면, 두 번째 인공위성 스푸트니크 2호는 생명체를 태운 채 지구 궤도를 도는 것에 도전했습니다. 그 생명체가 바로 강아지 라이카입니다.

유기견이었던 라이카는 우주 강아지로 발탁되어 우주로 가기 위한 훈련까지 받았습니다. 초파리를 태운 V-2 로켓은 대기와 우주의 경계인 100km를 살짝 넘었다가 낙하한 것이지만, 라이카를 태운 스푸트니크 2호는 그보다 훨씬 높이 올라가 지구 궤도를 돌았습니다. 그렇지만 슬프게도 라이카는 발사 후 몇 시간 만에 고열과 스트레스로 죽었다고 합니다.

프랑스 국제우주대학교에는 하늘을 바라보고 있는 고양이 동상이 있습니다. 그 동상 아래에는 펠리세트라는 이름이 새겨져 있습니다. 소련과 미국이 각각 강아지와 침팬지를 우주로 보낼 때 프랑스는 고양이를 선택했고, 그 주인공이 바로 펠리세트입니다.

펠리세트도 라이카처럼 길에서 살던 유기묘였는데 어느 날 우주 고양이로 선택되었습니다. 우주 환경이 뇌에 미치는 영향을 연구하기 위해 펠리세트는 머리에 뇌파를 측정하는 전극이 부착된 상태로 발사되었습니다. 지상에서 약 156km 높이까지 날아갔다가 무사히 지구로 돌아왔으나 안타깝게도 돌아온 지 3개월 만에 안락사 되었습니다.

돼지는 우리에게 친숙한 동물이지만 아직 우주에 간 적은 없습니다. 언젠가 돼지도 우주로 나아갈 날이 올지도 모릅니다.

과거 초파리부터 강아지, 고양이까지 다양한 동물들이 우주로 보내졌던 것처럼, 과학의 발전과 새로운 연구 목적에 따라 앞으로 더 많은 생명체가 우주 환경을 경험하게 될 것입니다. 그러나 이제는 단순한 실험을 넘어, 우주 생물학과 생명 유지 연구의 방향이 보다 윤리적인 방법을 고려하는 쪽으로 나아가야 합니다.

우주를 향한 인류의 여정 속에서 동물들이 기여한 역사는 기억해야 할 중요한 부분이며, 앞으로는 보다 책임감 있는 연구가 이루어지기를 기대해 봅니다.

왜 달의 뒷면은
볼 수 없을까?

· 동주기 자전 ·

달은 지구에서 볼 수 있는지의 여부로 앞면과 뒷면이 나뉜다.
지구에 머무는 인류는 평생 달의 뒷면을 볼 수 없다.

지구 주변을 도는 인공위성은 수천 개에 달하지만, 자연위성은 딱 하나입니다. 지구가 탄생했을 때부터 지금까지 언제나 지구 곁을 맴도는 '달'이죠. 달은 지구에서 가장 가까운 천체이자 유일하게 유인 탐사가 이루어진 천체이기도 합니다. 그만큼 우리에게 친숙한 천체여서 책이나 영화, 노래의 소재로 자주 사용됩니다.

이 친숙한 달에도 우리가 쉽게 알아차리지 못하는 흥미로운 특징들이 숨어 있습니다. 그중 하나가 바로 우리가 언제나 달의 같은 면만 볼 수 있다는 점입니다. 지구에서 항상 달의 같은 면만 볼 수 있는 이유는 달이 공전 주기와 자전 주기가 같은 '동주기 자전'을 하고 있기 때문입니다. 달이 지구 주위를 한 바퀴 도는 데 걸리는 시간과 스스로 자전축을 중심으로 한 바퀴 회전하는 데 걸리는 시간은 모두 27.3일로 같습니다.

설명을 위해 196쪽과 197쪽의 그림처럼 달 표면의 한 지점에 깃

달이 자전하지 않고 공전만 할 때

아는 만큼 보이는 세상 | 지구과학 편

발을 꽂아 보겠습니다. 196쪽의 그림은 달이 자전하지 않고 공전만 하는 경우입니다. 지구에서 달을 볼 때 깃발이 꽂힌 면이 보일 때도 있고, 그 반대 면이 보일 때도 있습니다.

197쪽의 그림은 달의 자전 주기와 공전 주기가 같은 경우입니다. 달이 아무리 공전을 해도 지구에서는 깃발이 꽂힌 면만 볼 수 있지요? 만약 달에 사람이 산다면 깃발이 꽂힌 면에 사는 사람들은 언제나 지구를 볼 수 있지만, 그 반대 면에 사는 사람들은 평생 지구를 볼 수 없는 것입니다.

우리는 지구에서 볼 수 있는 면을 '달의 앞면', 볼 수 없는 면을 '달의 뒷면'이라고 부릅니다. 달의 뒷면을 보려면 지구를 떠나 우주로 가야 합니다.

1959년 소련의 루나 3호가 최초로 달의 뒷면 사진을 지구로 전송했고, 이후 1968년 아폴로 8호의 승무원들이 최초로 달의 뒷면

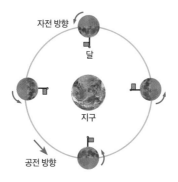

달의 자전 주기와 공전 주기가 같을 때

을 사진이 아닌 두 눈으로 보았습니다. 물론 두 탐사선 모두 달 궤도를 돌며 멀리서 뒷면을 본 것입니다.

최초로 달의 뒷면에 탐사선을 착륙한 것은 중국입니다. 2019년 창어 4호가 달의 뒷면에 처음 착륙하였고, 2024년에는 창어 6호가 두 번째로 달의 뒷면에 착륙해 토양과 암석 샘플을 채취하여 지구로 가져오는 데 성공했습니다.

가까운 미래에는 로봇이 아닌 사람이 직접 달의 뒷면에 착륙하는 날도 올 것입니다. 미국의 아르테미스 프로그램과 중국의 유인 탐사 계획이 본격적으로 추진되고 있어, 머지않아 인류는 달의 앞면뿐만 아니라 뒷면에도 기지를 건설할 가능성이 높습니다. 그렇게 된다면 달은 더 이상 신비로운 천체가 아니라 인류의 새로운 우주 개척지가 될 것입니다.

호주의 크리스마스는
한여름이다?

· 계절 변화 ·

북반구에 있는 우리나라와 남반구에 있는 호주는 계절이 정반대이다.
지구의 자전축이 기울어져 있어 햇빛이 들어오는 입사각이 다르기 때문이다.

호주의 크리스마스 풍경을 본 적 있나요? 호주에서는 산타 모자를 쓰고 수영복을 입은 사람들이 해변에서 크리스마스를 즐깁니다. 크리스마스에 우리나라에서는 산타 모자에 목도리까지 두른 눈사람을 만들지만, 호주에서는 눈사람을 만들 수 없습니다.

호주에서는 해변에서 모래사람을 만들어 산타 모자와 함께 선글라스를 씌웁니다. 호주의 크리스마스는 여름이기 때문입니다. 12월 25일. 같은 날짜인데 왜 우리나라는 겨울이고, 호주는 여름일까요?

북반구와 남반구의 계절은 반대입니다. 두 반구가 계절이 반대인 이유를 보기 전에 왜 지구에 계절이 생기는지부터 알아볼까요? 계절이 생기는 이유는 지구의 자전축이 기울어진 채로 공전하기 때문입니다.

현재 지구의 자전축은 아래 그림과 같이 23.5° 기울어져 있습니다. 그림에서 지구가 A 위치에 있을 때는 북반구가 태양 쪽으로 기울어져 있습니다. 그 결과 햇빛이 들어오는 입사각이 남반

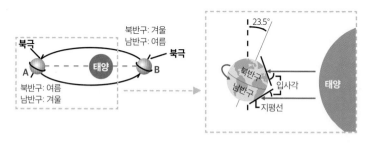

계절 변화의 원인

구보다 북반구에서 더 큽니다. 따라서 북반구는 여름이고, 남반구는 겨울입니다. 지구가 B 위치에 있을 때는 남반구가 태양 쪽으로 기울어져 있습니다. 이때는 햇빛의 입사각이 북반구보다 남반구에서 클 것이고 남반구가 여름, 북반구가 겨울이 됩니다.

그렇다면 북반구 여름과 남반구 여름 중 어떤 여름이 더 더울까요? 다른 조건이 모두 동일하다면 남반구 여름이 더 더울 겁니다. 왜일까요? 힌트는 그림 속에 있습니다. 지구와 태양 사이의 거리가 북반구 여름보다 남반구 여름일 때 더 가깝기 때문입니다.

지구의 공전 궤도는 타원형이고, 태양은 그 타원의 초점에 위치합니다. 따라서 지구와 태양 사이의 거리는 매번 변합니다. 그 거리가 가장 멀 때를 '원일점'(A), 가장 가까울 때를 '근일점'(B)이라고 하는데, 북반구는 원일점에서 여름이고 남반구는 근일점에서 여름입니다. 물론 실제 여름의 기온은 지구와 태양의 거리 외에도 여러 가지 요인의 영향을 받으므로 남반구 여름이 항상 더 덥다고 단정할 수는 없겠지요.

정리하자면 북반구는 지구가 태양에 가장 가까운 근일점에 있을 때 겨울이고, 가장 먼 원일점에 있을 때 여름이 됩니다. 반대로 남반구는 근일점에서 여름, 원일점에서 겨울이 됩니다. 이 때문에 남반구는 북반구보다 더 더운 여름과 더 추운 겨울을 경험하며 기온의 연교차가 더 크게 나타납니다.

물론 이러한 계절 배치가 영원하지는 않습니다. 지금으로부터 약 13,000년 뒤 지구의 자전축 방향은 현재와 정반대로 바뀌게 되는데, 이때 계절 배치 역시 뒤바뀌게 됩니다. 지구의 자전축이 '세차 운동'을 하기 때문입니다.

세차 운동이란 회전하는 물체의 회전축이 원을 그리며 도는 운동을 말합니다. 어릴 적 팽이 놀이를 해 보았다면 빠른 속도로 돌던 팽이가 쓰러지기 전에 비틀거리며 회전축이 원을 그리는 모습을 본 적 있을 것입니다. 팽이의 축이 원을 그리며 도는 이 움직임이 바로 세차 운동입니다. 지구도 팽이처럼 자전축을 돌아가는 세차 운동을 하고 있는데, 그 주기는 약 26,000년입니다.

따라서 약 13,000년 뒤에는 현재와 자전축의 기울어진 방향이 반대가 되고, 이로 인해 계절 배치도 반대가 되는 것이죠. 그때는 북반구가 남반구보다 더 더운 여름과 더 추운 겨울을 갖게 될 것입니다. 그러나 변하지 않는 것은 그때도 북반구와 남반구의 계절은 반대라는 사실입니다.

우리는 보통 지구의 기후 변화라고 하면 인간 활동에 의한 지구 온난화를 떠올리지만, 사실 지구의 기후를 변화시키는 원인에는 인간이 관여할 수 없는 천문학적 요인도 포함됩니다. 결국 지구의 기후 변화는 인간 활동, 지구 자전축의 세차 운동, 그리고 그 밖의 여러 인위적 요인과 자연적 요인이 복합적으로 작용한 결과입니다.

호주 사람들이
북향집을 선호하는 이유

· 일주운동 ·

호주의 남향집은 마치 한국의 북향집처럼 햇빛이 잘 들어오지 않는다.

우리나라에서는 집을 구할 때 남향집을 선호합니다. 남향집이 하루 종일 햇빛이 잘 들어오기 때문입니다. 그런데 남반구 나라 호주에서는 우리와는 반대로 북향집을 선호한다고 합니다. 호주 사람들은 햇빛을 싫어하기 때문일까요? 그게 아니라 호주에서는 북쪽을 향하는 북향집이 햇빛이 잘 들어오는 집이기 때문입니다.

그 이유를 알기 위해서는 먼저 태양의 '일주운동'을 이해해야 합니다. 태양은 오전 6시경 동쪽에서 뜹니다. 동쪽 지평선에서 올라온 태양의 고도는 점점 높아지다가 낮 12시(정오)에 가장 높은 고도에 도달합니다. 이후 태양의 고도는 점점 낮아지다가 오후 6시경 서쪽 지평선 너머로 지게 됩니다. 이 운동을 태양의 일주운동이라고 합니다.

다음 그림은 북반구 중위도에 사는 사람을 기준으로 태양의 일주운동 경로를 그린 것입니다. 계절에 따라 일주운동 경로가 조금씩 다르긴 하지만 태양이 남쪽 하늘을 지나는 것을 알 수 있습니다. 우리나라와 같은 북반구 중위도에서는 태양을 보려면 남쪽을 보아야 하는 이유이죠. 이런 이유로 북반구에서 북향집은 햇빛이

태양의 일주운동

잘 들지 않는 어둡고 추운 집이라고 하는 것입니다.

남반구 나라 호주에서도 해가 서쪽에서 뜨는 일은 일어나지 않습니다. 호주에서도 태양은 동쪽에서 뜨고, 서쪽으로 집니다. 다만 태양이 떠 있는 동안 북쪽 하늘을 지납니다. 다음 그림은 남반구 중위도에 사는 사람을 기준으로 태양의 일주운동을 그린 것입니다. 이곳에서는 북향집이 햇빛이 잘 드는 따뜻한 집입니다.

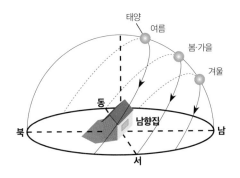

북반구 중위도에서 태양의 일주운동

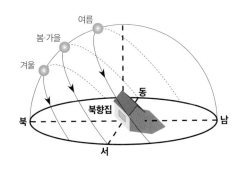

남반구 중위도에서 태양의 일주운동

이처럼 태양의 위치와 일주운동 경로에 따라 같은 방향의 집이라도 북반구와 남반구에서 받는 햇빛의 양이 달라집니다. 따라서 우리가 익숙하게 알고 있는 주거 선호 방향이 다른 나라에서는 정반대일 수도 있습니다. 건축 설계에서도 이러한 차이를 반영하여 창문의 방향과 건물 배치를 결정하는 것이 중요합니다.

왜 한국에서는 오로라를
볼 수 없을까?

· 오로라 ·

오로라는 태양풍의 입자들이 지구 자기장에서 대기 분자와 충돌해 발생한다.

많은 사람이 오로라 하나를 보기 위해 긴 비행시간을 감수하며 아이슬란드나 캐나다 옐로나이프까지 여행을 떠납니다. 이처럼 오로라 관측은 많은 이에게 버킷리스트로 꼽히곤 하지요. 오로라는 신비롭고 아름다울 뿐만 아니라, 특정 지역에서만 관측할 수 있다는 희소성 때문에 더욱 특별하게 여겨집니다.

그러나 시간과 비용을 들여 먼 길을 떠나도 시기나 날씨가 맞지 않으면 오로라를 보지 못하고 돌아와야 할 수도 있습니다. 그런데 문득 궁금해집니다. 왜 우리나라에서는 아름다운 오로라를 볼 수 없는 걸까요?

오로라를 볼 수 있는 장소들에는 한 가지 공통점이 있습니다. 바로 모두 고위도 지역이라는 점입니다. 오로라의 또 다른 이름인 '극광' 역시 이 현상이 주로 극지방에서 관측되기 때문에 붙여졌습니다. 왜 위도가 높은 극지방에서만 이 발광 현상이 나타나는 걸

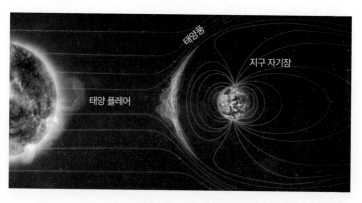

태양풍과 지구 자기장

　　　　　　　　아는 만큼 보이는 세상 | 지구과학 편

까요?

그 비밀은 태양풍과 지구 자기장에 있습니다. 태양풍이란 태양에서 불어오는 바람이라는 뜻으로, 이 바람에는 양성자, 전자와 같은 전기를 띤 고에너지 입자들이 들어 있습니다.

다행히도 태양풍은 우리가 사는 곳까지는 불어오지는 않습니다. 지구 자기장이 태양풍을 막아 주는 보호막 역할을 하기 때문입니다. 정확히는 자기장이 태양풍의 대전입자(양성자, 전자와 같은 전기를 띤 고에너지 입자)들을 붙잡아 지구로 들어오지 못하게 하는 것입니다.

붙잡힌 대전입자들은 결국 극지방으로 가게 됩니다. 지구 자기장이 극지방 쪽에서 열려있기 때문에 대전입자(전하를 가지고 있는 입자)들은 그곳으로 끌려가 결국 극지방 대기의 상층부까지 들어가는 것입니다.

이곳에서 태양으로부터 온 대전입자와 지구 대기에 있던 질소, 산소 분자들이 충돌하며 아름다운 빛을 내게 됩니다. 이때 어떤 대기 분자가 어느 높이에서 충돌하느냐에 따라 오로라의 색이 결정됩니다.

예를 들어, 약 100~300km 높이에서 산소 분자와 충돌하면 녹색 오로라가 나타나고, 300km 이상에서 충돌하면 붉은색 오로라가 형성됩니다. 질소 분자와 충돌하면 파란색이나 보라색 오로라가 나타나며, 이들이 섞여 다양한 색상의 오로라가 연출되기도 합니다.

최근에는 오로라 연구가 활발히 이루어지면서, 인공위성을 이용해 오로라의 발생 원리와 변화를 실시간으로 관측할 수 있게 되었습니다. 또한, 태양 활동이 활발해지는 주기에 맞춰 오로라 예측 기술도 발전하고 있어, 앞으로는 오로라를 더욱 쉽게 만나 볼 수 있을지도 모릅니다.

사실 한국에서도
오로라를 볼 수 있다

· 태양 활동 ·

태양 활동이 강해지면 우리나라에서도 오로라를 볼 수 있다.

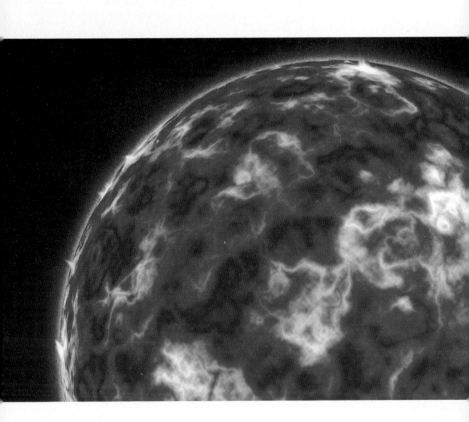

조선왕조실록에는 우리나라 밤하늘에 '붉은 기운'이 나타났다는 기록이 200여 회나 등장합니다. 많은 전문가가 이 붉은 기운을 오로라로 추정합니다. 그렇다면 우리나라에서도 오로라를 볼 수 있다는 뜻일까요?

맞습니다. 사실 우리나라에서 오로라를 보는 것이 전혀 불가능한 것은 아닙니다. 태양 활동이 활발할수록 태양풍이 강해지고, 이로 인해 오로라가 나타나는 지역이 평소보다 더 낮은 위도까지 확장되기 때문입니다. 따라서 태양 활동 극대기에는 우리나라에서도 오로라가 나타날 수 있는 것이죠. 실제로 2003년과 2024년에 우리나라에서 오로라가 관측된 사례가 있습니다.

우리나라에서 오로라를 볼 수 있다는 소식은 흥미롭고 반가운 일입니다. 그런데 태양 활동이 활발해질수록 우리에게 좋은 일일

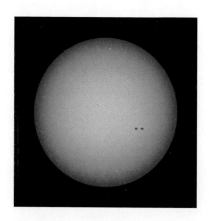

태양의 흑점

아는 만큼 보이는 세상 | 지구과학 편

까요? 사실 오로라를 잘 볼 수 있다는 점을 제외하면 활발한 태양 활동은 대부분 부정적인 영향을 미칩니다.

우주에서는 강한 태양풍이 인공위성을 고장 내거나 기능을 멈추게 할 수 있고, GPS 시스템에도 장애를 일으켜 내비게이션이 작동하지 않을 수도 있습니다. 비행기 승무원이나 승객은 우주 방사선에 노출될 위험이 커지며, 특히 자기장이 강한 북극 항로를 지나는 경우 방사선 위험이 더 높아 다른 경로로 우회해야 할 수도 있습니다.

지상에서도 예외는 아닙니다. 전력 장비가 손상되어 대규모 정전 사고가 발생하거나, 무선 통신이 두절되는 등의 문제가 생길 수 있습니다. 전자기기에 의존하며 살고 있는 오늘날 태양 활동으로 인한 통신 장애는 어마어마한 피해를 가져올 수 있습니다. 이에 대비하기 위해서는 어떻게 해야 할까요?

태양 표면에는 '흑점'이라는 검은색 점이 있는데, 이 흑점의 수가 태양 활동 정도를 알려주는 지표입니다. 흑점의 수가 많을수록 태양이 활발하게 활동하고 태양풍도 강해집니다.

태양폭풍으로 인한 피해에 대비하기 위해서는 평상시 태양을 잘 지켜보며 지구의 날씨를 예보하듯이 우주의 날씨를 예보해야 합니다.

우리가 사는 지구를
다르게 이해하는 법

유난히 더웠던 2024년 5월, 한 통의 메일을 받았습니다. 바로
'양은혜 선생님께 출간 제안 메일 드립니다'라는 제목의 메일이었
습니다. 평소 메일을 자주 확인하지 않는 편인데 그날따라 왠지
모르게 메일함을 열어 보게 되었습니다.

그렇게 연 메일에는 '지구과학을 누구나 쉽고 재미있게 읽을 수
있도록 풀어낸 교양서를 함께 집필해 보지 않겠냐'라는 제안이 담
겨 있었습니다. 뜻깊은 기회라 생각해 기쁜 마음으로 제안을 수
락했고, 이후 약 반년 동안 메일을 보내 주신 이지윤 대리님과 여
러 차례 의견을 주고받으며 《아는 만큼 보이는 세상: 지구과학
편》이 탄생하게 되었습니다.

저는 고등학교에서 학생들을 가르치는 지구과학 교사입니다. EBS에서 지구과학 강의를 하고 있으며, 소소하지만 '양은혜지구과학'이라는 유튜브 채널도 운영하고 있습니다.

지구과학과 관련한 이야기를 글로 풀어내는 일은 이번이 처음이었습니다. 설렘도 컸지만 그만큼 걱정도 따랐습니다. 특히 가장 큰 고민은 모두가 쉽게 이해할 수 있도록 쓰는 것이었습니다. 과학책은 내용을 깊이 있게 담는 것도 중요하지만, 오히려 어렵지 않게 풀어내는 것이 훨씬 더 큰 도전처럼 느껴졌습니다.

그럼에도 원고를 완성한 지금, 처음 목표했던 쉽고 이해하기 쉬운 글을 쓰는 데 한 걸음 다가섰다는 생각이 듭니다. 또한, 글로 지식을 전달하는 과정에서 말로 설명할 때와는 또 다른 깊이와 즐거움을 느낄 수 있었습니다. 이번 경험을 통해 글이 지닌 힘과 매력을 새롭게 깨닫게 되었습니다.

사실 저는 지구과학을 좋아해서 교사가 된 것이 아니라, 교사가 되고 나서 지구과학을 좋아하게 된 사람입니다. 순서가 거꾸로였던 셈이죠.

암석에 대해 수업한 다음 날이면 학생들이 저를 찾아와 "선생님, 저 어제 집 가는 길에 편마암 본 것 같아요. 진짜 줄무늬가 있던데, 이거 편마암 맞아요?"라며 아파트 화단에서 찍은 편마암 사진을 보여 줍니다. 또, 구름에 대해 배운 날에는 신기한 구름 사진과 함께 "이 구름은 왜 생기는 거예요? 수업 시간에 안 배운 것 같은데."라는 메시지가 오곤 합니다.

학생들을 가르치면서 저는 지구과학이 단순한 교과목이 아니라, 배운 내용을 일상 속에서 직접 확인할 수 있는 매력적인 학문이라는 것을 깨닫게 되었습니다. 교실에서 배운 개념들이 교과서 속에만 머무는 것이 아니라 길을 걷다가 마주치는 돌멩이 하나, 창밖을 바라볼 때 보이는 구름 한 점에서도 생생하게 연결된다는 점이 지구과학의 가장 큰 매력입니다.

이 책을 통해 여러분도 지구과학이 멀리 있는 것이 아니라, 우리의 삶과 밀접하게 연결되어 있음을 자연스럽게 느낄 수 있었으면 합니다. 우리가 매일 밟고 있는 땅, 마시는 공기, 바라보는 하늘까지 지구과학은 이미 우리의 일상 속에 자리 잡고 있습니다.

책을 덮고 난 뒤에도, 길을 걷다가 문득 하늘을 올려다보며 구름의 이름을 떠올리고, 길가의 바위를 보며 그것이 어떤 과정을 거쳐 형성되었을지 생각해 보는 즐거움을 느끼게 되길 바랍니다.

과학은 단순한 지식이 아니라, 세상을 바라보는 새로운 시각을 제공합니다. 무심코 지나쳤던 풍경도 지구과학의 시선으로 보면 전혀 다른 의미로 다가올 수 있습니다. 이 책이 여러분에게 그런 경험을 선물할 수 있다면 더할 나위 없이 기쁠 것입니다.

끝까지 읽어 주셔서 진심으로 감사합니다. 이 책이 여러분의 일상을 더 흥미롭고 새로운 시선으로 바라볼 수 있도록 돕길 바랍니다. 그리고 여러분이 언젠가 하늘을 올려다보았을 때, 지구과학의 작은 이야기들이 함께 떠오르기를 바랍니다.

부록

CHAPTER

미처 몰랐던
지구의
또 다른 모습들

박물관에 전시된 공룡 배설물 화석
배설물뿐만 아니라 공룡알이나 토사물이 화석이 되기도 한다.

삼엽충 화석
삼엽충은 위협을 느끼면 공벌레처럼 몸을 둥글게 말아 방어 자
세를 취한다. 간혹 이 방어 자세 그대로 화석이 되기도 한다.

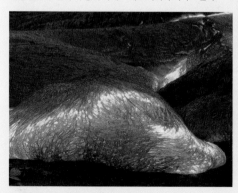

화산 활동 시 분출되어 흐르는 용암
이 용암이 굳어 화산암이 된다.

화산재로 만들어진 언덕
화산 활동 시에는 용암뿐만 아니라 화산재도 분출된다.

제주도 주상절리
주상절리는 용암이 빠르게 굳으면서 수축해 만들어진다.

수직으로 높게 발달한 적란운
적란운은 상층부에서는 구름이 옆으로 퍼져 나가 지붕처럼 보이기도 한다.

땅 위로 떨어진 얼음 덩어리 우박
적란운에서는 눈, 비뿐만 아니라 우박이 만들어지기도 한다.

스트로마톨라이트(사진 속 돌)
스트로마톨라이트는 단순한 돌이 아니라 남세균이 남긴 흔적이다. 남세균의 광합성 덕분에 지구 대기에 산소가 쌓이기 시작했다.

몰디브의 바탈라 섬
지구 온난화로 인한 해수면 상승으로, 몰디브는 2100년이 되면 사람이 살 수 없게 될 것이라고 한다.

바다 위 얼음(해빙)을 징검다리 삼아 뛰어다니는 북극곰
지구 온난화로 인해 해빙이 줄어들며 북극곰의 사냥과 이동이 힘들어지고 있다.

심해에 사는 바이퍼피시
심층 해류가 바이퍼피시가 사는 깊은 바다까지 산소를 공급한다.

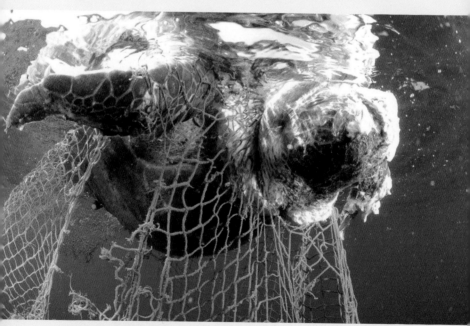

그물에 걸려 있는 바다 거북이

쓰레기를 먹이로 착각하는 새들의 모습

갯벌에서 휴식하는 새들
갯벌은 철새들에게 휴게소 역할을 한다.

갯벌에서 볼 수 있는 짱뚱어
짱뚱어는 갯벌에서 지느러미를 이용해 기어 다니거나 점프한다.

목성
목성의 소용돌이 대적점은 지구보다 크기가 크다.

해왕성
명왕성이 퇴출된 뒤 태양계의 마지막 행성이 되었다.

아폴로 11호에 타고 있던 세 우주비행사
이 중 닐 암스트롱(가운데)과 버즈 올드린(오른쪽)은 인류 최초로 달에 발을 디뎠다.

스푸트니크 1호
인류가 우주로 보낸 최초의 인공 물체인 인공위성이다.

인류가 최초로 달에 찍은 발자국

별의 일주운동 1
태양뿐만 아니라 모든 별은 일주운동을 한다.

별의 일주운동 2
북극성을 중심으로 일주운동하는 별의 모습을 7시간 이상 촬영한 것이다.

참고문헌

- 이기영. 고등학교 지구과학 Ⅰ. 비상교육, 2024.
- 이기영. 고등학교 지구과학 Ⅱ. 비상교육, 2024.
- 찰스 무어. 플라스틱 바다, 이지연 옮김, 미지북스, 2013.
- 문양수. "새와 공룡의 연계성: 조류는 공룡으로부터 진화". 한국가금학회지, vol. 49, no. 3, 2022, pp. 167-182. https://doi.org/10.5536/KJPS.2022.49.3.167.
- 기상청. "지진통계". https://www.kma.go.kr/w/eqk-vol/archive/stat/trend.do
- 기상청. "태풍의 이름". https://www.kma.go.kr/w/typhoon/basic/info2.do
- 심창섭. "우주로 간 최초 생명체는 초파리?", ScienceTimes, 2019.https://www.sciencetimes.co.kr/nscvrg/view/menu/252?nscvrgSn=190604
- NASA. "NASA Satellite Reveals How Much Saharan Dust Feeds Amazon's Plants". https://www.nasa.gov/centers-and-facilities/goddard/nasa-satellite-reveals-how-much-saharan-dust-feeds-amazons-plants/?utm_source=chatgpt.com
- NASA. "Ebbesmeyer, Curtis". https://oceanmotion.org/html/research/ebbesmeyer.htm

읽다 보면 원리가 이해되는 일상 속 지구과학 안내서

아는 만큼 보이는 세상 | 지구과학 편

인쇄일 2025년 2월 13일
발행일 2025년 2월 20일

© 양은혜 2025

지은이 양은혜
펴낸이 유경민 노종한
책임편집 김세민 이지윤
기획편집 유노책주 김세민 이지윤 **유노북스** 이현정 조혜진 권혜지 정현석 **유노라이프** 구혜진
기획마케팅 1팀 우현권 이상운 **2팀** 이선영 최예은 전예원
디자인 남다희 홍진기 허정수
기획관리 차은영
펴낸곳 유노콘텐츠그룹 주식회사
법인등록번호 110111-8138128
주소 서울시 마포구 월드컵로20길 5, 4층
전화 02-323-7763 **팩스** 02-323-7764 **이메일** info@uknowbooks.com

ISBN 979-11-7183-088-6 (03450)